精通Python自然语言处理

[印度] Deepti Chopra　Nisheeth Joshi　Iti Mathur 著

王威 译

人 民 邮 电 出 版 社

北 京

图书在版编目（CIP）数据

精通Python自然语言处理 / (印) 乔普拉 (Deepti Chopra) , (印) 乔希 (Nisheeth Joshi) , (印) 摩突罗 (Iti Mathur) 著 ; 王威译. -- 北京 : 人民邮电出版社, 2017.8（2022.1重印）
ISBN 978-7-115-45968-8

Ⅰ. ①精… Ⅱ. ①乔… ②乔… ③摩… ④王… Ⅲ. ①软件工具－自然语言处理 Ⅳ. ①TP311.56②TP391

中国版本图书馆CIP数据核字(2017)第153438号

版权声明

◆ 著　　[印度] Deepti Chopra　Nisheeth Joshi　Iti Mathur
译　　王　威
责任编辑　陈冀康
责任印制　焦志炜

◆ 人民邮电出版社出版发行　　北京市丰台区成寿寺路 11 号
邮编　100164　　电子邮件　315@ptpress.com.cn
网址　http://www.ptpress.com.cn
北京七彩京通数码快印有限公司印刷

◆ 开本：800×1000　1/16
印张：14　　2017 年 8 月第 1 版
字数：274 千字　　2022 年 1 月北京第 8 次印刷

著作权合同登记号　图字：01-2017-4814 号

定价：59.00 元

读者服务热线：(010)81055410　印装质量热线：(010)81055316
反盗版热线：(010)81055315
广告经营许可证：京东市监广登字20170147号

内容提要

自然语言处理是计算语言学和人工智能之中与人机交互相关的领域之一。

本书是学习自然语言处理的一本综合学习指南，介绍了如何用 Python 实现各种 NLP 任务，以帮助读者创建基于真实生活应用的项目。全书共 10 章，分别涉及字符串操作、统计语言建模、形态学、词性标注、语法解析、语义分析、情感分析、信息检索、语篇分析和 NLP 系统评估等主题。

本书适合熟悉 Python 语言并对自然语言处理开发有一定了解和兴趣的读者阅读参考。

作者简介

Deepti Chopra 是 Banasthali 大学的助理教授。她的主要研究领域是计算语言学、自然语言处理以及人工智能，她也参与了将英语转换为印度诸语言的机器翻译引擎的研发。她在各种期刊和会议上发表过一些文章，此外她还担任一些期刊及会议的程序委员会委员。

Nisheeth Joshi 是 Banasthali 大学的副教授。他感兴趣的领域包括计算语言学、自然语言处理以及人工智能。除此之外，他也非常积极地参与了将英语转换为印度诸语言的机器翻译引擎的研发。他是印度政府电子和信息技术部 TDIL 计划选任的专家之一，TDIL 是负责印度语言技术资金和研究的主要组织。他在各种期刊和会议上发表过一些文章，并同时担任一些期刊及会议的程序委员会及编审委员会委员。

Iti Mathur 是 Banasthali 大学的助理教授。她感兴趣的领域是计算语义和本体工程。除此之外，她也非常积极地参与了将英语转换为印度诸语言的机器翻译引擎的研发。她是印度政府电子和信息技术部 TDIL 计划选任的专家之一，TDIL 是负责印度语言技术资金和研究的主要组织。她在期刊和会议上发表过一些文章，并同时担任一些期刊及会议的程序委员会及编审委员会委员。

我们要诚挚地感谢所有的亲朋好友，因为你们的祝福促使我们完成了出版这本基于自然语言处理的图书的目标。

审阅者简介

Arturo Argueta 目前是一名在读博士研究生，他专注于高性能计算和自然语言处理领域的研究。他在聚类算法、有关自然语言处理的机器学习算法以及机器翻译等方面有一定的研究。他还精通英语、德语和西班牙语。

译者简介

王威　资深研发工程师，曾就职于携程、东方财富等互联网公司。目前专注于互联网分布式架构设计、大数据与机器学习、算法设计等领域的研究，擅长C#、Python、Java、C++等技术。内涵段子手、空想创业家、业余吉他手、重度读书人。

前言

在本书中，我们将学习如何使用 Python 实现各种有关自然语言处理的任务，并了解一些有关自然语言处理的当下和新进的研究主题。本书是一本综合的进阶指南，以期帮助学生和研究人员创建属于他们自己的基于真实生活应用的项目。

本书涵盖内容

第 1 章，字符串操作，介绍如何执行文本上的预处理任务，例如切分和标准化，此外还介绍了各种字符串匹配方法。

第 2 章，统计语言建模，包含如何计算单词的频率以及如何执行各种语言建模的技术。

第 3 章，形态学：在实践中学习，讨论如何开发词干提取器、形态分析器以及形态生成器。

第 4 章，词性标注：单词识别，解释词性标注以及有关 n-gram 方法的统计建模。

第 5 章，语法解析：分析训练资料，提供关于 Tree bank 建设、CFG 建设、CYK 算法、线图分析算法以及音译等概念的相关信息。

第 6 章，语义分析：意义很重要，介绍浅层语义分析（即 NER）的概念和应用以及使用 Wordnet 执行 WSD。

第 7 章，情感分析：我很快乐，提供可以帮助你理解和应用情感分析相关概念的信息。

第 8 章，信息检索：访问信息，将帮助你理解和应用信息检索及文本摘要的概念。

第 9 章，语篇分析：理解才是可信的，探讨语篇分析系统和基于指代消解的系统。

第 10 章，NLP 系统评估：性能分析，谈论 NLP 系统评估相关概念的理解与应用。

本书的阅读前提

本书中所有的代码示例均使用 Python 2.7 或 Python 3.2 以上的版本编写。不管是 32 位机还是 64 位机，都必须安装 NLTK（Natural Language Toolkit，NLTK）3.0 包。操作系统要求为 Windows、Mac 或 UNIX。

本书的目标读者

本书主要面向对 Python 语言有一定认知水平的自然语言处理的中级开发人员。

排版约定

本书中用不同的文本样式来区分不同种类的信息。下面给出了这些文本样式的示例及其含义。

文本中的代码单词、数据库表名、文件夹名称、文件名、文件扩展名、路径名、虚拟 URL、用户输入以及推特用户定位表示如下：

“对于法语文本的切分，我们将使用 `french.pickle` 文件。”

代码块的样式如下所示：

```
>>> import nltk
>>> text=" Welcome readers. I hope you find it interesting. Please do reply."
>>> from nltk.tokenize import sent_tokenize
```

此图标表示警告或需要特别注意的内容。

此图标表示提示或者技巧。

读者反馈

我们始终欢迎来自读者的反馈。请告诉我们你对本书的看法——喜欢或者不喜欢的部分。你的意见对我们来说非常重要，这将有助于我们开发出读者真正感兴趣的东西。

一般的反馈，你只需发送邮件至 feedback@packtpub.com，并在邮件主题中写清楚书名。

如果你擅长某个主题，并有兴趣编写一本书或者想为一本书做贡献，请参考我们的作者指南，网址 www.packtpub.com/authors。

客户支持

既然你已经是 Packt 引以为傲的读者了，为了能让你的购买物超所值，我们还为你准备了以下内容。

下载示例代码

你可以用你的 http://www.packtpub.com 账户在上面下载本书配套的示例代码。如果你是在别的地方购买的本书，你可以访问 http://www.packtpub.com/support 并注册，我们会用邮件把代码文件直接发给你。

你可以按照以下步骤下载代码文件。

1. 使用你的邮箱地址和密码登录或注册我们的网站。
2. 将鼠标指针移至顶端的 SUPPORT 选项卡上。
3. 单击 Code Downloads & Errata。
4. 在搜索框中输入书名。
5. 选择你需要下载代码文件的图书。
6. 在下拉菜单里选择你从哪里购买的这本书。
7. 单击 Code Download。

你也可以通过单击 Packt 出版社官网上关于本书的网页中的“Code Files”按钮来下载代码文件。你可以通过在搜索框中输入书名进入到这个页面。请注意你需要登录你的 Packt 账户。

一旦下载示例代码文件后，请确保使用以下最新版本的工具解压文件夹：

- WinRAR / 7-Zip for Windows。
- Zipeg / iZip / UnRarX for Mac。
- 7-Zip / PeaZip for Linux。

本书的代码包也托管在 Github 上，网址是 `https://github.com/PacktPublishing/Mastering-Natural-Language-Processing-with-Python`。我们也有来自于我们丰富的图书和视频目录的其他代码包，地址是 `https://github.com/PacktPublishing/`。欢迎访问！

勘误

虽然我们竭尽全力保证图书内容的准确性，但错误仍在所难免。如果你在我们的任何一本书里发现错误，可能是文字的或者代码中的错误，都烦请报告给我们，我们将不胜感激。这样不仅使其他读者免于困惑，也能帮助我们不断改进后续版本。如果你发现任何错误，请访问 `http://www.packtpub.com/submit-errata` 报告给我们，选择相应图书，单击“Errata Submission Form”链接，并输入勘误详情。一旦你提出的错误被证实，你的勘误将被接收并上传至我们的网站，或加入到已有的勘误列表中。

若要查看之前提交的勘误，请访问 `https://www.packtpub.com/books/ content/support` 并在搜索框中输入书名，所需的信息将会展现在“Errata”部分的下面。

反盗版

在互联网上，所有媒体都会遭遇盗版问题。对 Packt 来说，我们严格保护版权和许可证。如果你在互联网上发现我们出版物的任何非法副本，请立即向我们提供侵权网站的地址和名称，以便我们采取补救措施。

请通过 copyright@packtpub.com 联系我们，同时请提供涉嫌侵权内容的链接。

非常感激你帮助保护我们的作者，让我们尽力提供更有价值的内容。

问题

如果你对本书有任何疑问，都可以通过 questions@packtpub.com 邮箱联系我们，我们将尽最大努力为你答疑解惑。

目录

第 1 章 字符串操作

自然语言处理（Natural Language Processing，NLP）关注的是自然语言与计算机之间的交互。它是人工智能（Artificial Intelligence，AI）和计算语言学的主要分支之一。它提供了计算机和人类之间的无缝交互并使得计算机能够在机器学习的帮助下理解人类语言。在编程语言（例如 C、C++、Java、Python 等）里用于表示一个文件或文档内容的基础数据类型被称为字符串。在本章中，我们将探索各种可以在字符串上执行的操作，这些操作将有助于完成各种 NLP 任务。

本章将包含以下主题：

- 文本切分。
- 文本标准化。
- 替换和校正标识符。
- 在文本上应用 Zipf 定律。
- 使用编辑距离算法执行相似性度量。
- 使用 Jaccard 系数执行相似性度量。
- 使用 Smith Waterman 算法执行相似性度量。

1.1 切分

切分可以认为是将文本分割成更小的并被称作标识符的模块的过程，它被认为是 NLP 的一个重要步骤。

当安装好 NLTK 包并且 Python 的交互式开发环境（IDLE）也运行起来时，我们就可以将文本或者段落切分成独立的语句。为了实现切分，我们可以导入语句切分函数，该函数的参数即为需要被切分的文本。sent_tokenize 函数使用了 NLTK 包的一个叫作 PunktSentenceTokenizer 类的实例。基于那些可以标记句子开始和结束的字母和标点符号，NLTK 中的这个实例已经被训练用于对不同的欧洲语言执行切分。

1.1.1　将文本切分为语句

现在，让我们来看看一段给定的文本是如何被切分为独立的句子的：

```
>>> import nltk
>>> text=" Welcome readers. I hope you find it interesting. Please do
reply."
>>> from nltk.tokenize import sent_tokenize
>>> sent_tokenize(text)
[' Welcome readers.', 'I hope you find it interesting.', 'Please do
reply.']
```

这样，一段给定的文本就被分割成了独立的句子。我们还可以进一步对这些独立的句子进行处理。

要切分大批量的句子，我们可以加载 PunktSentenceTokenizer 并使用其 tokenize() 函数来进行切分。下面的代码展示了该过程：

```
>>> import nltk
>>> tokenizer=nltk.data.load('tokenizers/punkt/english.pickle')
>>> text=" Hello everyone. Hope all are fine and doing well. Hope you
find the book interesting"
>>> tokenizer.tokenize(text)
[' Hello everyone.', 'Hope all are fine and doing well.', 'Hope you
find the book interesting']
```

1.1.2　其他语言文本的切分

为了对除英文之外的其他语言执行切分，我们可以加载它们各自的 pickle 文件（可以在 tokenizers/punkt 里边找到），然后用该语言对文本进行切分，这些文本是 tokenize() 函数的参数。对于法语文本的切分，我们将使用如下的 french.pickle 文件：

```
>>> import nltk
>>> french_tokenizer=nltk.data.load('tokenizers/punkt/french.pickle')
>>> french_tokenizer.tokenize('Deux agressions en quelques jours,
```

```
voilà ce qui a motivé hier matin le débrayage collège franco-
britanniquede Levallois-Perret. Deux agressions en quelques jours,
voilà ce qui a motivé hier matin le débrayage Levallois. L'équipe
pédagogique de ce collège de 750 élèves avait déjà été choquée
par l'agression, janvier , d'un professeur d'histoire. L'équipe
pédagogique de ce collège de 750 élèves avait déjà été choquée par
l'agression, mercredi , d'un professeur d'histoire')
['Deux agressions en quelques jours, voilà ce qui a motivé hier
matin le débrayage collège franco-britanniquedeLevallois-Perret.',
'Deux agressions en quelques jours, voilà ce qui a motivé hier matin
le débrayage Levallois.', 'L'équipe pédagogique de ce collège de
750 élèves avait déjà été choquée par l'agression, janvier , d'un
professeur d'histoire.', 'L'équipe pédagogique de ce collège de
750 élèves avait déjà été choquée par l'agression, mercredi , d'un
professeur d'histoire']
```

1.1.3 将句子切分为单词

现在，我们将对独立的句子执行处理，独立的句子会被切分为单词。通过使用 word_tokenize()函数可以执行单词的切分。word_tokenize 函数使用 NLTK 包的一个叫作 TreebankWordTokenizer 类的实例用于执行单词的切分。

使用 word_tokenize 函数切分英文文本的代码如下所示：

```
>>> import nltk
>>> text=nltk.word_tokenize("PierreVinken , 59 years old , will join
as a nonexecutive director on Nov. 29 .»)
>>> print(text)
['PierreVinken', ',', '59', ' years', ' old', ',', 'will', 'join',
'as', 'a', 'nonexecutive', 'director' , 'on', 'Nov.', '29', '.']
```

实现单词的切分还可以通过加载 TreebankWordTokenizer，然后调用 tokenize()函数来完成，其中 tokenize()函数的参数是需要被切分为单词的句子。基于空格和标点符号，NLTK 包的这个实例已经被训练用于将句子切分为单词。

如下代码将帮助我们获取用户的输入，然后再将其切分并计算切分后的列表长度：

```
>>> import nltk
>>> from nltk import word_tokenize
>>> r=input("Please write a text")
Please write a textToday is a pleasant day
>>> print("The length of text is",len(word_tokenize(r)),"words")
The length of text is 5 words
```

1.1.4 使用 TreebankWordTokenizer 执行切分

让我们来看看使用 TreebankWordTokenizer 执行切分的代码：

```
>>> import nltk
>>> from nltk.tokenize import TreebankWordTokenizer
>>> tokenizer = TreebankWordTokenizer()
>>> tokenizer.tokenize("Have a nice day. I hope you find the book
interesting")
['Have', 'a', 'nice', 'day.', 'I', 'hope', 'you', 'find', 'the',
'book', 'interesting']
```

TreebankWordTokenizer 依据 Penn Treebank 语料库的约定，通过分离缩略词来实现切分。此过程展示如下：

```
>>> import nltk
>>> text=nltk.word_tokenize(" Don't hesitate to ask questions")
>>> print(text)
['Do', "n't", 'hesitate', 'to', 'ask', 'questions']
```

另一个分词器是 PunktWordTokenizer，它是通过分离标点来实现切分的，每一个单词都会被保留，而不是去创建一个全新的标识符。还有一个分词器是 WordPunctTokenizer，它通过将标点转化为一个全新的标识符来实现切分，我们通常需要这种形式的切分：

```
>>> from nltk.tokenize import WordPunctTokenizer
>>> tokenizer=WordPunctTokenizer()
>>> tokenizer.tokenize(" Don't hesitate to ask questions")
['Don', "'", 't', 'hesitate', 'to', 'ask', 'questions']
```

分词器的继承树如图 1-1 所示。

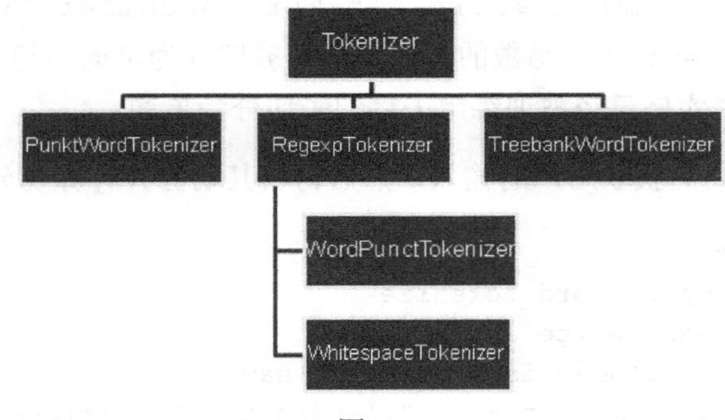

图 1-1

1.1.5 使用正则表达式实现切分

可以通过构建如下两种正则表达式来实现单词的切分：

- 通过匹配单词。
- 通过匹配空格或间隔。

我们可以导入 NLTK 包的 RegexpTokenizer 模块，并构建一个与文本中的标识符相匹配的正则表达式：

```
>>> import nltk
>>> from nltk.tokenize import RegexpTokenizer
>>> tokenizer=RegexpTokenizer([\w]+")
>>> tokenizer.tokenize("Don't hesitate to ask questions")
["Don't", 'hesitate', 'to', 'ask', 'questions']
```

另一种不用实例化类的切分方式将使用下面的函数：

```
>>> import nltk
>>> from nltk.tokenize import regexp_tokenize
>>> sent="Don't hesitate to ask questions"
>>> print(regexp_tokenize(sent, pattern='\w+|\$[\d\.]+|\S+'))
['Don', "'t", 'hesitate', 'to', 'ask', 'questions']
```

RegularexpTokenizer 在使用 re.findall()函数时是通过匹配标识符来执行切分的；在使用 re.split()函数时是通过匹配间隔或者空格来执行切分的。

让我们来看一个如何通过空格来执行切分的例子：

```
>>> import nltk
>>> from nltk.tokenize import RegexpTokenizer
>>> tokenizer=RegexpTokenizer('\s+',gaps=True)
>>> tokenizer.tokenize("Don't hesitate to ask questions")
["Don't", 'hesitate', 'to', 'ask', 'questions']
```

要筛选以大写字母开头的单词，可以使用下面的代码：

```
>>> import nltk
>>> from nltk.tokenize import RegexpTokenizer
>>> sent=" She secured 90.56 % in class X . She is a meritorious
student"
>>> capt = RegexpTokenizer('[A-Z]\w+')
```

```
>>> capt.tokenize(sent)
['She', 'She']
```

下面的代码展示了 RegexpTokenizer 的一个子类是如何使用预定义正则表达式的：

```
>>> import nltk
>>> sent=" She secured 90.56 % in class X . She is a meritorious
student"
>>> from nltk.tokenize import BlanklineTokenizer
>>> BlanklineTokenizer().tokenize(sent)
[' She secured 90.56 % in class X \n. She is a meritorious student\n']
```

字符串的切分可以通过空格、间隔、换行等来完成：

```
>>> import nltk
>>> sent=" She secured 90.56 % in class X . She is a meritorious
student"
>>> from nltk.tokenize import WhitespaceTokenizer
>>> WhitespaceTokenizer().tokenize(sent)
['She', 'secured', '90.56', '%', 'in', 'class', 'X', '.', 'She', 'is',
'a', 'meritorious', 'student']
```

WordPunctTokenizer 使用正则表达式\w+|[^\w\s]+来执行文本的切分，并将其切分为字母与非字母字符。

使用 split()方法进行切分的代码描述如下：

```
>>> import nltk
>>> sent= She secured 90.56 % in class X. She is a meritorious student"
>>> sent.split()
['She', 'secured', '90.56', '%', 'in', 'class', 'X', '.', 'She', 'is',
'a', 'meritorious', 'student']
>>> sent.split('')
['', 'She', 'secured', '90.56', '%', 'in', 'class', 'X', '.', 'She',
'is', 'a', 'meritorious', 'student']
>>> sent=" She secured 90.56 % in class X \n. She is a meritorious
student\n"
>>> sent.split('\n')
[' She secured 90.56 % in class X ', '. She is a meritorious student',
'']
```

类似于 sent.split('\n')方法，LineTokenizer 通过将文本切分为行来执行切分：

```
>>> import nltk
>>> from nltk.tokenize import BlanklineTokenizer
```

```
>>> sent=" She secured 90.56 % in class X \n. She is a meritorious
student\n"
>>> BlanklineTokenizer().tokenize(sent)
[' She secured 90.56 % in class X \n. She is a meritorious student\n']
>>> from nltk.tokenize import LineTokenizer
>>> LineTokenizer(blanklines='keep').tokenize(sent)
[' She secured 90.56 % in class X ', '. She is a meritorious student']
>>> LineTokenizer(blanklines='discard').tokenize(sent)
[' She secured 90.56 % in class X ', '. She is a meritorious student']
```

SpaceTokenizer 与 sent.split('') 方法的工作原理类似:

```
>>> import nltk
>>> sent=" She secured 90.56 % in class X \n. She is a meritorious
student\n"
>>> from nltk.tokenize import SpaceTokenizer
>>> SpaceTokenizer().tokenize(sent)
['', 'She', 'secured', '90.56', '%', 'in', 'class', 'X', '\n.', 'She',
'is', 'a', 'meritorious', 'student\n']
```

nltk.tokenize.util 模块通过返回元组形式的序列来执行切分，该序列为标识符在语句中的位置和偏移量:

```
>>> import nltk
>>> from nltk.tokenize import WhitespaceTokenizer
>>> sent=" She secured 90.56 % in class X \n. She is a meritorious
student\n"
>>> list(WhitespaceTokenizer().span_tokenize(sent))
[(1, 4), (5, 12), (13, 18), (19, 20), (21, 23), (24, 29), (30, 31),
(33, 34), (35, 38), (39, 41), (42, 43), (44, 55), (56, 63)]
```

给定一个标识符的序列，则可以返回其跨度序列:

```
>>> import nltk
>>> from nltk.tokenize import WhitespaceTokenizer
>>> from nltk.tokenize.util import spans_to_relative
>>> sent=" She secured 90.56 % in class X \n. She is a meritorious
student\n"
>>>list(spans_to_relative(WhitespaceTokenizer().span_tokenize(sent)))
[(1, 3), (1, 7), (1, 5), (1, 1), (1, 2), (1, 5), (1, 1), (2, 1), (1,
3), (1, 2), (1, 1), (1, 11), (1, 7)]
```

通过在每一个分隔符的连接处进行分割，nltk.tokenize.util.string_span_

tokenize(sent,separator)将返回 sent 中标识符的偏移量：

```
>>> import nltk
>>> from nltk.tokenize.util import string_span_tokenize
>>> sent=" She secured 90.56 % in class X \n. She is a meritorious
student\n"
>>> list(string_span_tokenize(sent, ""))
[(1, 4), (5, 12), (13, 18), (19, 20), (21, 23), (24, 29), (30, 31),
(32, 34), (35, 38), (39, 41), (42, 43), (44, 55), (56, 64)]
```

1.2 标准化

为了实现对自然语言文本的处理，我们需要对其执行标准化，主要涉及消除标点符号、将整个文本转换为大写或小写、数字转换成单词、扩展缩略词、文本的规范化等操作。

1.2.1 消除标点符号

有时候，在切分文本的过程中，我们希望删除标点符号。当在 NLTK 中执行标准化操作时，删除标点符号被认为是主要的任务之一。

考虑下面的代码示例：

```
>>> text=[" It is a pleasant evening.","Guests, who came from US
arrived at the venue","Food was tasty."]
>>> from nltk.tokenize import word_tokenize
>>> tokenized_docs=[word_tokenize(doc) for doc in text]
>>> print(tokenized_docs)
[['It', 'is', 'a', 'pleasant', 'evening', '.'], ['Guests', ',', 'who',
'came', 'from', 'US', 'arrived', 'at', 'the', 'venue'], ['Food',
'was', 'tasty', '.']]
```

以上代码得到了切分后的文本。以下代码将从切分后的文本中删除标点符号：

```
>>> import re
>>> import string
>>> text=[" It is a pleasant evening.","Guests, who came from US
arrived at the venue","Food was tasty."]
>>> from nltk.tokenize import word_tokenize
>>> tokenized_docs=[word_tokenize(doc) for doc in text]
>>> x=re.compile('[%s]' % re.escape(string.punctuation))
>>> tokenized_docs_no_punctuation = []
```

```
>>> for review in tokenized_docs:
    new_review = []
    for token in review:
    new_token = x.sub(u'', token)
    if not new_token == u'':
            new_review.append(new_token)
    tokenized_docs_no_punctuation.append(new_review)
>>> print(tokenized_docs_no_punctuation)
[['It', 'is', 'a', 'pleasant', 'evening'], ['Guests', 'who', 'came',
'from', 'US', 'arrived', 'at', 'the', 'venue'], ['Food', 'was',
'tasty']]
```

1.2.2 文本的大小写转换

通过 lower()和 upper()函数可以将一段给定的文本彻底转换为小写或大写文本。将文本转换为大小写的任务也属于文本标准化的范畴。

考虑下面的大小写转换例子：

```
>>> text='HARdWork IS KEy to SUCCESS'
>>> print(text.lower())
hardwork is key to success
>>> print(text.upper())
HARDWORK IS KEY TO SUCCESS
```

1.2.3 处理停止词

停止词是指在执行信息检索任务或其他自然语言任务时需要被过滤掉的词，因为这些词对理解句子的整体意思没有多大的意义。许多搜索引擎通过去除停止词来工作，以便缩小搜索范围。消除停止词在 NLP 中被认为是至关重要的标准化任务之一 。

NLTK 库为多种语言提供了一系列的停止词，为了可以从 nltk_data/corpora/stopwords 中访问停止词列表，我们需要解压 datafile 文件：

```
>>> import nltk
>>> from nltk.corpus import stopwords
>>> stops=set(stopwords.words('english'))
>>> words=["Don't", 'hesitate','to','ask','questions']
>>> [word for word in words if word not in stops]
["Don't", 'hesitate', 'ask', 'questions']
```

nltk.corpus.reader.WordListCorpusReader 类的实例是一个 stopwords

语料库，它拥有一个参数为 fileid 的 words()函数。这里参数为 English，它指的是在英语文件中存在的所有停止词。如果 words()函数没有参数，那么它指的将是关于所有语言的全部停止词。

可以在其中执行停止词删除的其他语言，或者在 NLTK 中其文件存在停止词的语言数量都可以通过使用 fileids()函数找到：

```
>>> stopwords.fileids()
['danish', 'dutch', 'english', 'finnish', 'french', 'german',
'hungarian', 'italian', 'norwegian', 'portuguese', 'russian',
'spanish', 'swedish', 'turkish']
```

上面列出的任何一种语言都可以用作 words()函数的参数，以便获取该语言的停止词。

1.2.4 计算英语中的停止词

让我们来看一个有关如何计算停止词的例子：

```
>>> import nltk
>>> from nltk.corpus import stopwords
>>> stopwords.words('english')
['i', 'me', 'my', 'myself', 'we', 'our', 'ours', 'ourselves', 'you',
'your', 'yours', 'yourself', 'yourselves', 'he', 'him', 'his',
'himself', 'she', 'her', 'hers', 'herself', 'it', 'its', 'itself',
'they', 'them', 'their', 'theirs', 'themselves', 'what', 'which',
'who', 'whom', 'this', 'that', 'these', 'those', 'am', 'is', 'are',
'was', 'were', 'be', 'been', 'being', 'have', 'has', 'had', 'having',
'do', 'does', 'did', 'doing', 'a', 'an', 'the', 'and', 'but', 'if',
'or', 'because', 'as', 'until', 'while', 'of', 'at', 'by', 'for',
'with', 'about', 'against', 'between', 'into', 'through', 'during',
'before', 'after', 'above', 'below', 'to', 'from', 'up', 'down', 'in',
'out', 'on', 'off', 'over', 'under', 'again', 'further', 'then',
'once', 'here', 'there', 'when', 'where', 'why', 'how', 'all', 'any',
'both', 'each', 'few', 'more', 'most', 'other', 'some', 'such', 'no',
'nor', 'not', 'only', 'own', 'same', 'so', 'than', 'too', 'very', 's',
't', 'can', 'will', 'just', 'don', 'should', 'now']

>>> def para_fraction(text):
stopwords = nltk.corpus.stopwords.words('english')
para = [w for w in text if w.lower() not in stopwords]
return len(para) / len(text)
```

```
>>> para_fraction(nltk.corpus.reuters.words())
0.7364374824583169
>>> para_fraction(nltk.corpus.inaugural.words())
0.5229560503653893
```

标准化操作还涉及将数字转化为单词（例如，1 可以替换为 one）和扩展缩略词（例如，can't 可以替换为 cannot），这可以通过使用替换模式表示它们来实现。我们将在下一节讨论这些内容。

1.3　替换和校正标识符

在本节中，我们将讨论用其他类型的标识符来替换标识符。我们还会讨论如何来校正标识符的拼写（通过用正确拼写的标识符替换拼写不正确的标识符）。

1.3.1　使用正则表达式替换单词

为了消除错误或执行文本的标准化，需要做单词替换。一种可以完成文本替换的方法是使用正则表达式。之前，在执行缩略词切分时我们遇到了问题。通过使用文本替换，我们可以用缩略词的扩展形式来替换缩略词。例如，doesn't 可以被替换为 does not。

我们将从编写以下代码开始，并命名此程序为 replacers.py，最后将其保存在 nltkdata 文件夹中：

```
import re
replacement_patterns = [
(r'won\'t', 'will not'),
(r'can\'t', 'cannot'),
(r'i\'m', 'i am'),
(r'ain\'t', 'is not'),
(r'(\w+)\'ll', '\g<1> will'),
(r'(\w+)n\'t', '\g<1> not'),
(r'(\w+)\'ve', '\g<1> have'),
(r'(\w+)\'s', '\g<1> is'),
(r'(\w+)\'re', '\g<1> are'),
(r'(\w+)\'d', '\g<1> would')
]
class RegexpReplacer(object):
    def __init__(self, patterns=replacement_patterns):
        self.patterns = [(re.compile(regex), repl) for (regex, repl)
in
```

```
            patterns]
        def replace(self, text):
            s = text
            for (pattern, repl) in self.patterns:
                (s, count) = re.subn(pattern, repl, s)
            return s
```

这里我们定义了替换模式，模式第一项表示需要被匹配的模式，第二项是其对应的替换模式。RegexpReplacer 类被定义用来执行编译模式对的任务，并且它提供了一个叫作 replace()的方法，该方法的功能是用另一种模式来执行模式的替换。

1.3.2 用其他文本替换文本的示例

让我们来看一个有关如何用其他文本来替换文本的例子：

```
>>> import nltk
>>> from replacers import RegexpReplacer
>>> replacer= RegexpReplacer()
>>> replacer.replace("Don't hesitate to ask questions")
'Do not hesitate to ask questions'
>>> replacer.replace("She must've gone to the market but she didn't
go")
'She must have gone to the market but she did not go'
```

RegexpReplacer.replace()函数用其相应的替换模式来更换被替换模式的每一个实例。在这里，must've 被替换为 must have, didn't 被替换为 did not，因为在 replacers.py 中已经通过元组对的形式定义了替换模式，也就是（r'(\ w +) \'ve' , '\ g <1>have'）和（r'(\ w +) n\'t', '\ g<1>not'）。

我们不仅可以执行缩略词的替换，还可以用其他任意标识符来替换一个标识符。

1.3.3 在执行切分前先执行替换操作

标识符替换操作可以在切分前执行，以避免在切分缩略词的过程中出现问题：

```
>>> import nltk
>>> from nltk.tokenize import word_tokenize
>>> from replacers import RegexpReplacer
>>> replacer=RegexpReplacer()
>>> word_tokenize("Don't hesitate to ask questions")
['Do', "n't", 'hesitate', 'to', 'ask', 'questions']
```

```
>>> word_tokenize(replacer.replace("Don't hesitate to ask questions"))
['Do', 'not', 'hesitate', 'to', 'ask', 'questions']
```

1.3.4 处理重复字符

有时候，人们在写作时会涉及一些可以引起语法错误的重复字符。例如考虑这样的一个句子：I like it a lotttttt。在这里，lotttttt 是指 lot。所以现在我们将使用反向引用方法来去除这些重复的字符，在该方法中，一个字符指的是正则表达式分组中的先前字符。消除重复字符也被认为是标准化任务之一。

首先，将以下代码附加到先前创建的 replacers.py 文件中：

```
class RepeatReplacer(object):
    def __init__(self):
        self.repeat_regexp = re.compile(r'(\w*)(\w)\2(\w*)')
        self.repl = r'\1\2\3'
    def replace(self, word):
        repl_word = self.repeat_regexp.sub(self.repl, word)
        if repl_word != word:
            return self.replace(repl_word)
        else:
            return repl_word
```

1.3.5 去除重复字符的示例

让我们来看一个关于如何从一个标识符中去除重复字符的示例：

```
>>> import nltk
>>> from replacers import RepeatReplacer
>>> replacer=RepeatReplacer()
>>> replacer.replace('lotttt')
'lot'
>>> replacer.replace('ohhhhh')
'oh'
>>> replacer.replace('ooohhhhh')
'oh'
```

在 replacers.py 文件中，RepeatReplacer 类通过编译正则表达式和替换的字符串来工作，并使用 backreference.Repeat_regexp 来定义。它匹配可能是以零个或多个(\ w *)字符开始，以零个或多个(\ w *)，或者一个(\ w)其后面带有相同字符的字符而结束的字符。

例如，lotttt 被分拆为(lo)(t)t(tt)。这里减少了一个 t 并且字符串变为 lottt。分拆的过程还将继续，最后得到的结果字符串是 lot。

使用 RepeatReplacer 的问题是它会将 happy 转换为 hapy，这样是不妥的。为了避免这个问题，我们可以嵌入 wordnet 与其一起使用。

在先前创建的 replacers.py 程序中，添加以下代码行以便包含 wordnet：

```
import re
from nltk.corpus import wordnet
class RepeatReplacer(object):
    def __init__(self):
        self.repeat_regexp = re.compile(r'(\w*)(\w)\2(\w*)')
        self.repl = r'\1\2\3'
    def replace(self, word):
        if wordnet.synsets(word):
            return word
        repl_word = self.repeat_regexp.sub(self.repl, word)
        if repl_word != word:
            return self.replace(repl_word)
        else:
            return repl_word
```

现在，让我们来看看如何解决前面提到的问题：

```
>>> import nltk
>>> from replacers import RepeatReplacer
>>> replacer=RepeatReplacer()
>>> replacer.replace('happy')
'happy'
```

1.3.6 用单词的同义词替换

现在我们将看到如何用其同义词来替代一个给定的单词。对于已经存在的 replacers.py 文件，我们可以为其添加一个名为 WordReplacer 的类，这个类提供了一个单词与其同义词之间的映射关系：

```
class WordReplacer(object):
    def __init__(self, word_map):
        self.word_map = word_map
    def replace(self, word):
        return self.word_map.get(word, word)
```

1.3.7 用单词的同义词替换的示例

让我们来看一个有关用其同义词来替换单词的例子：

```
>>> import nltk
>>> from replacers import WordReplacer
>>> replacer=WordReplacer({'congrats':'congratulations'})
>>> replacer.replace('congrats')
'congratulations'
>>> replacer.replace('maths')
'maths'
```

在这段代码中，replace()函数在 word_map 中寻找单词对应的同义词。如果给定的单词存在同义词，则该单词将被其同义词替换；如果给定单词的同义词不存在，则不执行替换，将返回单词本身。

1.4 在文本上应用 Zipf 定律

Zipf 定律指出，文本中标识符出现的频率与其在排序列表中的排名或位置成反比。该定律描述了标识符在语言中是如何分布的：一些标识符非常频繁地出现，另一些出现频率较低，还有一些基本上不出现。

让我们来看看 NLTK 中用于获取基于 Zipf 定律的双对数图（log-log plot）的代码：

```
>>> import nltk
>>> from nltk.corpus import gutenberg
>>> from nltk.probability import FreqDist
>>> import matplotlib
>>> import matplotlib.pyplot as plt
>>> matplotlib.use('TkAgg')
>>> fd = FreqDist()
>>> for text in gutenberg.fileids():
. . . for word in gutenberg.words(text):
. . . fd.inc(word)
>>> ranks = []
>>> freqs = []
>>> for rank, word in enumerate(fd):
. . . ranks.append(rank+1)
. . . freqs.append(fd[word])
. . .
```

```
>>> plt.loglog(ranks, freqs)
>>> plt.xlabel('frequency(f)', fontsize=14, fontweight='bold')
>>> plt.ylabel('rank(r)', fontsize=14, fontweight='bold')
>>> plt.grid(True)
>>> plt.show()
```

上述代码将获取一个关于单词在文档中的排名相对其出现的频率的双对数图。因此，我们可以通过查看单词的排名与其频率之间的比例关系来验证 Zipf 定律是否适用于所有文档。

1.5 相似性度量

有许多可用于执行 NLP 任务的相似性度量。NLTK 中的 `nltk.metrics` 包用于提供各种评估或相似性度量，这将有利于执行各种各样的 NLP 任务。

在 NLP 中，为了测试标注器、分块器等的性能，可以使用从信息检索中检索到的标准分数。

让我们来看看如何使用标准分（从一个训练文件中获取的）来分析命名实体识别器的输出：

```
>>> from __future__ import print_function
>>> from nltk.metrics import *
>>> training='PERSON OTHER PERSON OTHER OTHER ORGANIZATION'.split()
>>> testing='PERSON OTHER OTHER OTHER OTHER OTHER'.split()
>>> print(accuracy(training,testing))
0.6666666666666666
>>> trainset=set(training)
>>> testset=set(testing)
>>> precision(trainset,testset)
1.0
>>> print(recall(trainset,testset))
0.6666666666666666
>>> print(f_measure(trainset,testset))
0.8
```

1.5.1 使用编辑距离算法执行相似性度量

两个字符串之间的编辑距离或 Levenshtein 编辑距离算法用于计算为了使两个字符串相等所插入、替换或删除的字符数量。

在编辑距离算法中需要执行的操作包含以下内容：

- 将字母从第一个字符串复制到第二个字符串（cost 为 0），并用另一个字母替换字母

（cost 为 1）：

$D(i-1,j-1) + d(si,tj)$（替换 /复制操作）

- 删除第一个字符串中的字母（cost 为 1）：

$D(i,j-1)+1$（删除操作）

- 在第二个字符串中插入一个字母（cost 为 1）：

$D(i,j) = min\, D(i-1,j)+1$ （插入操作）

nltk.metrics 包中的 Edit Distance 算法的 Python 代码如下所示：

```
from __future__ import print_function
def _edit_dist_init(len1, len2):
    lev = []
    for i in range(len1):
        lev.append([0] * len2)       # initialize 2D array to zero
    for i in range(len1):
        lev[i][0] = i                # column 0: 0,1,2,3,4,...
    for j in range(len2):
        lev[0][j] = j                # row 0: 0,1,2,3,4,...
    return lev

def _edit_dist_step(lev,i,j,s1,s2,transpositions=False):
c1 =s1[i-1]
c2 =s2[j-1]

# skipping a character in s1
a =lev[i-1][j] +1
# skipping a character in s2
b =lev[i][j -1]+1
# substitution
c =lev[i-1][j-1]+(c1!=c2)
# transposition
d =c+1 # never picked by default
if transpositions and i>1 and j>1:
if s1[i -2]==c2 and s2[j -2]==c1:
d =lev[i-2][j-2]+1
# pick the cheapest
lev[i][j] =min(a,b,c,d)

def edit_distance(s1, s2, transpositions=False):
    # set up a 2-D array
    len1 = len(s1)
```

```
    len2 = len(s2)
    lev = _edit_dist_init(len1 + 1, len2 + 1)

    # iterate over the array
    for i in range(len1):
    for j in range(len2):
        _edit_dist_step(lev, i + 1, j + 1, s1, s2,
transpositions=transpositions)
    return lev[len1][len2]
```

让我们看一看使用 NLTK 中的 `nltk.metrics` 包来计算编辑距离的代码：

```
>>> import nltk
>>> from nltk.metrics import *
>>> edit_distance("relate","relation")
3
>>> edit_distance("suggestion","calculation")
7
```

这里，当我们计算 `relate` 和 `relation` 之间的编辑距离时，需要执行三个操作（一个替换操作和两个插入操作）。当计算 `suggestion` 和 `calculation` 之间的编辑距离时，需要执行七个操作（六个替换操作和一个插入操作）。

1.5.2 使用 Jaccard 系数执行相似性度量

Jaccard 系数或 Tanimoto 系数可以认为是两个集合 X 和 Y 交集的相似程度。

它可以定义如下：

- $Jaccard(X,Y)=|X \cap Y|/|XUY|$。
- $Jaccard(X,X)=1$。
- $Jaccard(X,Y)=0$ *if* $X \cap Y=0$。

有关 Jaccard 相似度的代码如下：

```
def jacc_similarity(query, document):
first=set(query).intersection(set(document))
second=set(query).union(set(document))
return len(first)/len(second)
```

让我们来看看 NLTK 中 Jaccard 相似性系数的实现：

```
>>> import nltk
>>> from nltk.metrics import *
```

```
>>> X=set([10,20,30,40])
>>> Y=set([20,30,60])
>>> print(jaccard_distance(X,Y))
0.6
```

1.5.3 使用 Smith Waterman 距离算法执行相似性度量

Smith Waterman 距离算法类似于编辑距离算法。开发这种相似度指标以便检测相关蛋白质序列和 DNA 之间的光学比对。它包括被分配的成本和将字母表映射到成本值的函数（替换）；成本也分配给 gap 惩罚（插入或删除）。

1. 0 //start over
2. $D(i-1,j-1) - d(si,tj)$ //subst/copy
3. $D(i,j) = max\ D(i-1,j) - G$ //insert
1. $D(i,j-1) - G$ //delete

Distance is maximum over all i,j in table of $D(i,j)$。

4. $G = 1$ //example value for gap
5. $d(c,c) = -2$ //context dependent substitution cost
6. $d(c,d) = +1$ //context dependent substitution cost

与编辑距离算法类似，Smith Waterman 的 Python 代码可以嵌入到 `nltk.metrics` 包中，以便使用 NLTK 中的 Smith Waterman 算法执行字符串相似性度量。

1.5.4 其他字符串相似性度量

二进制距离是一个字符串相似性指标。如果两个标签相同，它的返回值为 `0.0`；否则，它的返回值为 `1.0`。

二进制距离度量的 Python 代码为：

```
def binary_distance(label1, label2):
 return 0.0 if label1 == label2 else 1.0
```

让我们来看看在 NLTK 中如何实现二进制距离算法度量：

```
>>> import nltk
>>> from nltk.metrics import *
```

```
>>> X = set([10,20,30,40])
>>> Y= set([30,50,70])
>>> binary_distance(X, Y)
1.0
```

当存在多个标签时，Masi 距离基于部分协议。

包含在 nltk.metrics 包中的 masi 距离算法的 Python 代码如下：

```
def masi_distance(label1, label2):
    len_intersection = len(label1.intersection(label2))
    len_union = len(label1.union(label2))
    len_label1 = len(label1)
    len_label2 = len(label2)
    if len_label1 == len_label2 and len_label1 == len_intersection:
        m = 1
    elif len_intersection == min(len_label1, len_label2):
        m = 0.67
    elif len_intersection > 0:
        m = 0.33
    else:
        m = 0

return 1 - (len_intersection / float(len_union)) * m
```

让我们来看看 NLTK 中 masi 距离算法的实现：

```
>>> import nltk
>>> from __future__ import print_function
>>> from nltk.metrics import *
>>> X = set([10,20,30,40])
>>> Y= set([30,50,70])
>>> print(masi_distance(X,Y))
0.945
```

1.6 小结

在本章中，你已经学会了各种可以在文本（由字符串集合组成）上执行的操作。你已经理解了字符串切分、替换和标准化的概念，以及使用 NLTK 在字符串上应用各种相似性度量方法。此外我们还讨论了可能适用于一些现存文档的 Zipf 定律。

在下一章中，我们将讨论各种语言建模技术以及各种不同的 NLP 任务。

第 2 章 统计语言建模

计算语言学是一个广泛应用于分析、软件应用程序和人机交互上下文的新兴领域。我们可以认为其是人工智能的一个子领域。计算语言学的应用范围包括机器翻译、语音识别、智能 Web 搜索、信息检索和智能拼写检查等。理解各种可以在自然语言文本上执行的预处理任务或者计算是至关重要的。在以下章节中，我们将会讨论一些计算单词频率、最大似然估计（Maximum Likelihood Estimation，MLE）模型、数据插值等的方法。但是首先让我们来看看本章将会涉及的各个主题，具体如下：

- 计算单词频率（1-gram，2-gram，3-gram）。
- 为给定的文本开发 MLE。
- 在 MLE 模型上应用平滑。
- 为 MLE 开发一个回退机制。
- 应用数据插值以获得混合搭配。
- 通过复杂度来评估语言模型。
- 在语言建模中应用 Metropolis-Hastings 算法。
- 在语言处理中应用 Gibbs 采样法。

2.1 理解单词频率

词的搭配可以被定义为倾向于并存的两个或多个标识符的集合。例如: the United States, the United Kingdom, Union of Soviet Socialist Republics 等。

Unigram（一元语法）代表单个标识符。以下代码用于为 Alpino 语料库生成 unigrams：

```
>>> import nltk
>>> from nltk.util import ngrams
>>> from nltk.corpus import alpino
>>> alpino.words()
['De', 'verzekeringsmaatschappijen', 'verhelen', ...]>>>
unigrams=ngrams(alpino.words(),1)
>>> for i in unigrams:
print(i)
```

考虑另一个有关从 alpino 语料库生成 quadgrams 或 fourgrams（四元语法）的例子：

```
>>> import nltk
>>> from nltk.util import ngrams
>>> from nltk.corpus import alpino
>>> alpino.words()
['De', 'verzekeringsmaatschappijen', 'verhelen', ...]
>>> quadgrams=ngrams(alpino.words(),4)
>>> for i in quadgrams:
print(i)
```

bigram（二元语法）指的是一对标识符。为了在文本中找到 bigrams，首先需要搜索小写单词，把文本创建为小写单词列表后，然后创建 BigramCollocationFinder 实例。在 nltk.metrics 包中找到的 BigramAssocMeasures 可用于在文本中查找 bigrams：

```
>>> import nltk
>>> from nltk.collocations import BigramCollocationFinder
>>> from nltk.corpus import webtext
>>> from nltk.metrics import BigramAssocMeasures
>>> tokens=[t.lower() for t in webtext.words('grail.txt')]
>>> words=BigramCollocationFinder.from_words(tokens)
>>> words.nbest(BigramAssocMeasures.likelihood_ratio, 10)
[("'", 's'), ('arthur', ':'), ('#', '1'), ("'", 't'), ('villager',
'#'), ('#', '2'), (']', '['), ('1', ':'), ('oh', ','), ('black',
'knight')]
```

在上面的代码中，我们可以添加一个用来消除停止词和标点符号的单词过滤器：

```
>>> from nltk.corpus import stopwords
>>> from nltk.corpus import webtext
>>> from nltk.collocations import BigramCollocationFinder
>>> from nltk.metrics import BigramAssocMeasures
```

```
>>> set = set(stopwords.words('english'))
>>> stops_filter = lambda w: len(w) < 3 or w in set
>>> tokens=[t.lower() for t in webtext.words('grail.txt')]
>>> words=BigramCollocationFinder.from_words(tokens)
>>> words.apply_word_filter(stops_filter)
>>> words.nbest(BigramAssocMeasures.likelihood_ratio, 10)
[('black', 'knight'), ('clop', 'clop'), ('head', 'knight'), ('mumble',
'mumble'), ('squeak', 'squeak'), ('saw', 'saw'), ('holy', 'grail'),
('run', 'away'), ('french', 'guard'), ('cartoon', 'character')]
```

这里，我们可以将 bigrams 的频率更改为其他数字。

另一种从文本中生成 bigrams 的方法是使用词汇搭配查找器，如下代码所示：

```
>>> import nltk
>>> from nltk.collocation import *
>>> text1="Hardwork is the key to success. Never give up!"
>>> word = nltk.wordpunct_tokenize(text1)
>>> finder = BigramCollocationFinder.from_words(word)
>>> bigram_measures = nltk.collocations.BigramAssocMeasures()
>>> value = finder.score_ngrams(bigram_measures.raw_freq)
>>> sorted(bigram for bigram, score in value)
[('.', 'Never'), ('Hardwork', 'is'), ('Never', 'give'), ('give',
'up'), ('is', 'the'), ('key', 'to'), ('success', '.'), ('the', 'key'),
('to', 'success'), ('up', '!')]
```

现在让我们看看另外一段从 `alpino` 语料库生成 bigrams 的代码：

```
>>> import nltk
>>> from nltk.util import ngrams
>>> from nltk.corpus import alpino
>>> alpino.words()
['De', 'verzekeringsmaatschappijen', 'verhelen', ...]
>>> bigrams_tokens=ngrams(alpino.words(),2)
>>> for i in bigrams_tokens:
print(i)
```

此代码将从 `alpino` 语料库生成 bigrams。

现在我们来看看用于生成 `trigrams` 的代码：

```
>>> import nltk
>>> from nltk.util import ngrams
>>> from nltk.corpus import alpino
```

```
>>> alpino.words()
['De', 'verzekeringsmaatschappijen', 'verhelen', ...]>>> trigrams_
tokens=ngrams(alpino.words(),3)
>>> for i in trigrams_tokens:
print(i)
```

为了生成 fourgrams 并生成 fourgrams 的频率，可以使用如下代码：

```
>>> import nltk
>>> import nltk
>>> from nltk.collocations import *
>>> text="Hello how are you doing ? I hope you find the book
interesting"
>>> tokens=nltk.wordpunct_tokenize(text)
>>> fourgrams=nltk.collocations.QuadgramCollocationFinder.from_
words(tokens)
>>> for fourgram, freq in fourgrams.ngram_fd.items():
print(fourgram,freq)

('hope', 'you', 'find', 'the') 1
('Hello', 'how', 'are', 'you') 1
('you', 'doing', '?', 'I') 1
('are', 'you', 'doing', '?') 1
('how', 'are', 'you', 'doing') 1
('?', 'I', 'hope', 'you') 1
('doing', '?', 'I', 'hope') 1
('find', 'the', 'book', 'interesting') 1
('you', 'find', 'the', 'book') 1
('I', 'hope', 'you', 'find') 1
```

现在我们来看看为给定句子生成 ngrams（n 元语法）的代码：

```
>>> import nltk
>>> sent=" Hello , please read the book thoroughly . If you have any
queries , then don't hesitate to ask . There is no shortcut to success
."
>>> n=5
>>> fivegrams=ngrams(sent.split(),n)
>>> for grams in fivegrams:
    print(grams)


('Hello', ',', 'please', 'read', 'the')
(',', 'please', 'read', 'the', 'book')
```

```
('please', 'read', 'the', 'book', 'thoroughly')
('read', 'the', 'book', 'thoroughly', '.')
('the', 'book', 'thoroughly', '.', 'If')
('book', 'thoroughly', '.', 'If', 'you')
('thoroughly', '.', 'If', 'you', 'have')
('.', 'If', 'you', 'have', 'any')
('If', 'you', 'have', 'any', 'queries')
('you', 'have', 'any', 'queries', ',')
('have', 'any', 'queries', ',', 'then')
('any', 'queries', ',', 'then', "don't")
('queries', ',', 'then', "don't", 'hesitate')
(',', 'then', "don't", 'hesitate', 'to')
('then', "don't", 'hesitate', 'to', 'ask')
("don't", 'hesitate', 'to', 'ask', '.')
('hesitate', 'to', 'ask', '.', 'There')
('to', 'ask', '.', 'There', 'is')
('ask', '.', 'There', 'is', 'no')
('.', 'There', 'is', 'no', 'shortcut')
('There', 'is', 'no', 'shortcut', 'to')
('is', 'no', 'shortcut', 'to', 'success')
('no', 'shortcut', 'to', 'success', '.')
```

2.1.1 为给定的文本开发 MLE

最大似然估计（Maximum Likelihood Estimate，MLE），是 NLP 领域中的一项重要任务，其也被称作多元逻辑回归或条件指数分类器。Berger 和 Della Pietra 曾于 1996 年首次介绍了它。最大熵模型被定义在 NLTK 中的 `nltk.classify.maxent` 模块里，在该模块中，所有的概率分布被认为是与训练数据保持一致的。该模型用于指代两个特征，即输入特征和联合特征。输入特征可以认为是未加标签单词的特征，而联合特征可以认为是加标签单词的特征。MLE 用于生成 `freqdist`，它包含了文本中给定标识符出现的概率分布。参数 `freqdist` 由作为概率分布基础的频率分布组成。

让我们来看看 NLTK 中有关最大熵模型的代码：

```
from __future__ import print_function,unicode_literals
__docformat__='epytext en'

try:
import numpy
except ImportError:
    pass
```

```
import tempfile
import os
from collections import defaultdict
from nltk import compat
from nltk.data import gzip_open_unicode
from nltk.util import OrderedDict
from nltk.probability import DictionaryProbDist
from nltk.classify.api import ClassifierI
from nltk.classify.util import CutoffChecker,accuracy,log_likelihood
from nltk.classify.megam import (call_megam,
write_megam_file,parse_megam_weights)
from nltk.classify.tadm import call_tadm,write_tadm_file,parse_tadm_
weights
```

在以上代码中，`nltk.probability` 包含了 `FreqDist` 类，该类可以用来确定文本中单个标识符出现的频率。

`ProbDistI` 用于确定单个标识符在文本中出现的概率分布。基本上有两种概率分布：派生概率分布和分析概率分布。派生概率分布是从频率分布中获取的，而分析概率分布则是从参数中获取的，例如方差。

为了获取频率分布，可以使用最大似然估计。它基于各个标识符在频率分布中的频率来计算其概率：

```
class MLEProbDist(ProbDistI):

    def __init__(self, freqdist, bins=None):
        self._freqdist = freqdist

    def freqdist(self):
"""
```

此函数将在概率分布的基础上找到频率分布：

```
"""
    return self._freqdist

    def prob(self, sample):
        return self._freqdist.freq(sample)

    def max(self):
        return self._freqdist.max()
```

```
    def samples(self):
        return self._freqdist.keys()

    def __repr__(self):
"""
        It will return string representation of ProbDist
"""
        return '<MLEProbDist based on %d samples>' % self._
freqdist.N()


class LidstoneProbDist(ProbDistI):
"""
```

该类用于获取频率分布。该频率分布由实数 *Gamma* 表示，其取值范围在 0 到 1 之间。LidstoneProbDist 使用计数 *c*、样本结果 *N* 和能够从概率分布中获取的样本值 *B* 来计算给定样本概率的公式如下：*(c+Gamma)/(N+B*Gamma)*。

这也意味着将 *Gamma* 加到了每一个可能的样本结果的计数上，并且从给定的频率分布中计算出了 MLE：

```
"""
SUM_TO_ONE = False
    def __init__(self, freqdist, gamma, bins=None):
"""
```

Lidstone 用于计算概率分布以便获取 freqdist。

参数 freqdist 可以定义为概率估计所基于的频率分布。

参数 bins 可以被定义为能够从概率分布中获取的样本值，概率的总和等于 1：

```
"""
        if (bins == 0) or (bins is None and freqdist.N() == 0):
            name = self.__class__.__name__[:-8]
            raise ValueError('A %s probability distribution ' % name +
'must have at least one bin.')
        if (bins is not None) and (bins < freqdist.B()):
            name = self.__class__.__name__[:-8]
            raise ValueError('\nThe number of bins in a %s
distribution ' % name +
'(%d) must be greater than or equal to\n' % bins +
'the number of bins in the FreqDist used ' +
'to create it (%d).' % freqdist.B())
```

```
        self._freqdist = freqdist
        self._gamma = float(gamma)
        self._N = self._freqdist.N()

        if bins is None:
            bins = freqdist.B()
        self._bins = bins

        self._divisor = self._N + bins * gamma
        if self._divisor == 0.0:
            # In extreme cases we force the probability to be 0,
            # which it will be, since the count will be 0:
            self._gamma = 0
            self._divisor = 1
    def freqdist(self):
    """
```

该函数基于概率分布获取了频率分布：

```
        """
        return self._freqdist

    def prob(self, sample):
    c = self._freqdist[sample]
        return (c + self._gamma) / self._divisor

       def max(self):
     # To obtain most probable sample, choose the one
    # that occurs very frequently.
        return self._freqdist.max()

    def samples(self):
        return self._freqdist.keys()

    def discount(self):
        gb = self._gamma * self._bins
            return gb / (self._N + gb)

        def __repr__(self):
    """
        String representation of ProbDist is obtained.
```

```
"""
        return '<LidstoneProbDist based on %d samples>' % self._
freqdist.N()


class LaplaceProbDist(LidstoneProbDist):
"""
```

该类用于获取频率分布。它使用计数 c、样本结果 N 和能够被生成的样本值的频率 B 来计算一个样本的概率，计算公式如下：

$$(c+1)/(N+B)$$

这也意味着将 1 加到了每一个可能的样本结果的计数上，并且获取了所得频率分布的最大似然估计：

```
"""
    def __init__(self, freqdist, bins=None):
"""
```

LaplaceProbDist 用于获取为生成 freqdist 的概率分布。

参数 freqdist 用于获取基于概率估计的频率分布。

参数 bins 可以被认为是能够被生成的样本值的频率。概率的总和必须为 1：

```
"""
        LidstoneProbDist.__init__(self, freqdist, 1, bins)

    def __repr__(self):
"""
        String representation of ProbDist is obtained.
"""
        return '<LaplaceProbDist based on %d samples>' % self._
freqdist.N()

class ELEProbDist(LidstoneProbDist):
"""
```

该类用于获取频率分布。它使用计数 c，样本结果 N 和能够被生成的样本值的频率 B 来计算一个样本的概率，计算公式如下：

$$(c+0.5)/(N+B/2)$$

这也意味着将 0.5 加到了每一个可能的样本结果的计数上，并且获取了所得频率分布的最大似然估计：

```
"""
    def __init__(self, freqdist, bins=None):
"""
```

预期似然估计用于获取生成 freqdist 的概率分布。参数 freqdist 用于获取基于概率估计的频率分布。

参数 bins 可以被认为是能够被生成的样本值的频率。概率的总和必须为 1：

```
"""
LidstoneProbDist.__init__(self, freqdist, 0.5, bins)

    def __repr__(self):
"""
        String representation of ProbDist is obtained.
    """
        return '<ELEProbDist based on %d samples>' % self._
freqdist.N()



class WittenBellProbDist(ProbDistI):
"""
```

WittenBellProbDist 类用于获取概率分布。在之前看到的样本频率的基础上，该类用于获取均匀的概率质量。关于样本概率质量的计算公式如下：

$$T\,/\,(N+T)$$

这里，T 是观察到的样本数，N 是观察到的事件的总数。样本的概率质量等于即将出现的新样本的最大似然估计。所有概率的总和等于 1：

```
Here,
     p = T / Z (N + T), if count = 0
     p = c / (N + T), otherwise
"""
    def __init__(self, freqdist, bins=None):
"""
```

此段代码获取了概率分布。该概率用于向未知的样本提供均匀的概率质量。样本的概率质量计算公式给出如下：

$$T/(N+T)$$

这里，T 是观察到的样本数，N 是观察到的事件的总数。样本的概率质量等于即将出现的新样本的最大似然估计。所有概率的总和等于 1：

```
Here,
     p = T / Z (N + T), if count = 0
     p = c / (N + T), otherwise
```

Z 是使用这些值和一个 bin 值计算出的规范化因子。

参数 freqdist 用于估算可以从中获取概率分布的频率计数。

参数 bins 可以定义为样本的可能类型的数量：

```
"""
        assert bins is None or bins >= freqdist.B(),\
'bins parameter must not be less than %d=freqdist.B()' % freqdist.B()
        if bins is None:
            bins = freqdist.B()
        self._freqdist = freqdist
        self._T = self._freqdist.B()
        self._Z = bins - self._freqdist.B()
        self._N = self._freqdist.N()
        # self._P0 is P(0), precalculated for efficiency:
        if self._N==0:
            # if freqdist is empty, we approximate P(0) by a
UniformProbDist:
            self._P0 = 1.0 / self._Z
        else:
            self._P0 = self._T / float(self._Z * (self._N + self._T))

    def prob(self, sample):
        # inherit docs from ProbDistI
        c = self._freqdist[sample]
        return (c / float(self._N + self._T) if c != 0 else self._P0)

    def max(self):
        return self._freqdist.max()

    def samples(self):
```

```
            return self._freqdist.keys()

        def freqdist(self):
            return self._freqdist

        def discount(self):
            raise NotImplementedError()

        def __repr__(self):
"""
            String representation of ProbDist is obtained.


"""
            return '<WittenBellProbDist based on %d samples>' % self._
freqdist.N()
```

我们可以使用最大似然估计来执行测试，让我们考虑如下 NLTK 中有关 MLE 的代码：

```
>>> import nltk
>>> from nltk.probability import *
>>> train_and_test(mle)
28.76%
>>> train_and_test(LaplaceProbDist)
69.16%
>>> train_and_test(ELEProbDist)
76.38%
>>> def lidstone(gamma):
    return lambda fd, bins: LidstoneProbDist(fd, gamma, bins)

>>> train_and_test(lidstone(0.1))
86.17%
>>> train_and_test(lidstone(0.5))
76.38%
>>> train_and_test(lidstone(1.0))
69.16%
```

2.1.2 隐马尔科夫模型估计

隐马尔科夫模型（Hidden Markov Model，HMM）包含观察状态和帮助确定观察状态的隐藏状态。我们来看看关于 HMM 的图解说明，如图 2-1 所示，x 表示隐藏状态，y 表示观察状态。

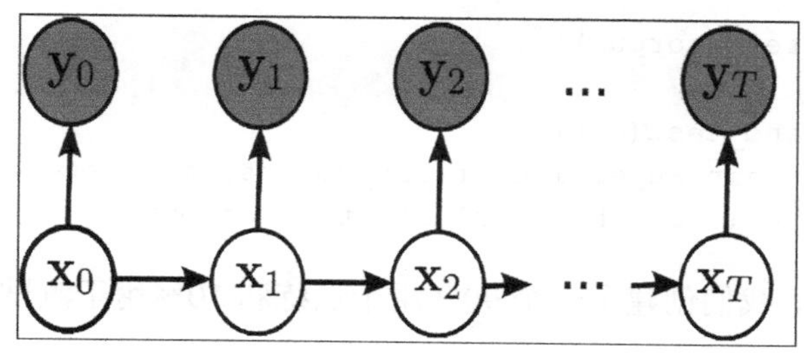

图 2-1

我们可以使用 HMM 估计执行测试，让我们考虑如下使用 Brown 语料库的代码：

```
>>> import nltk
>>> corpus = nltk.corpus.brown.tagged_sents(categories='adventure')
[:700]
>>> print(len(corpus))
700
>>> from nltk.util import unique_list
>>> tag_set = unique_list(tag for sent in corpus for (word,tag) in
sent)
>>> print(len(tag_set))
104
>>> symbols = unique_list(word for sent in corpus for (word,tag) in
sent)
>>> print(len(symbols))
1908
>>> print(len(tag_set))
104
>>> symbols = unique_list(word for sent in corpus for (word,tag) in
sent)
>>> print(len(symbols))
1908
>>> trainer = nltk.tag.HiddenMarkovModelTrainer(tag_set, symbols)
>>> train_corpus = []
>>> test_corpus = []
>>> for i in range(len(corpus)):
if i % 10:
train_corpus += [corpus[i]]
else:
test_corpus += [corpus[i]]


>>> print(len(train_corpus))
630
```

```
>>> print(len(test_corpus))
70
>>> def train_and_test(est):
hmm = trainer.train_supervised(train_corpus, estimator=est)
print('%.2f%%' % (100 * hmm.evaluate(test_corpus)))
```

在上面的代码中，我们创建了一个90%用于训练和10%用于测试的文件，并且我们已经测试了估计量。

2.2 在MLE模型上应用平滑

平滑（Smoothing）用于处理之前未曾出现过的单词。因此，未知单词的概率为0。为了解决这个问题，我们使用了平滑。

2.2.1 加法平滑

在18世纪，Laplace发明了加法平滑。在加法平滑中，需要将每个单词的计数加1。除了1之外，任何其他数值均可以被加到未知单词的计数上，以便未知单词可以被处理并且使它们的概率不为0。伪计数是指被加到未知单词计数上以使其概率不为0的值（即1或非0值）。

让我们考虑如下NLTK中有关加法平滑的代码：

```
>>> import nltk
>>> corpus=u"<s> hello how are you doing ? Hope you find the book
interesting. </s>".split()
>>> sentence=u"<s>how are you doing</s>".split()
>>> vocabulary=set(corpus)
>>> len(vocabulary)
13
>>> cfd = nltk.ConditionalFreqDist(nltk.bigrams(corpus))
>>> # The corpus counts of each bigram in the sentence:
>>> [cfd[a][b] for (a,b) in nltk.bigrams(sentence)]
[0, 1, 0]
>>> # The counts for each word in the sentence:
>>> [cfd[a].N() for (a,b) in nltk.bigrams(sentence)]
[0, 1, 2]
>>> # There is already a FreqDist method for MLE probability:
>>> [cfd[a].freq(b) for (a,b) in nltk.bigrams(sentence)]
[0, 1.0, 0.0]
```

```
>>> # Laplace smoothing of each bigram count:
>>> [1 + cfd[a][b] for (a,b) in nltk.bigrams(sentence)]
[1, 2, 1]
>>> # We need to normalise the counts for each word:
>>> [len(vocabulary) + cfd[a].N() for (a,b) in nltk.bigrams(sentence)]
[13, 14, 15]
>>> # The smoothed Laplace probability for each bigram:
>>> [1.0 * (1+cfd[a][b]) / (len(vocabulary)+cfd[a].N()) for (a,b) in
nltk.bigrams(sentence)]
[0.07692307692307693, 0.14285714285714285, 0.06666666666666667]
```

考虑另一种执行加法平滑或者说生成 Laplace 概率分布的方法：

```
>>> # MLEProbDist is the unsmoothed probability distribution:
>>> cpd_mle = nltk.ConditionalProbDist(cfd, nltk.MLEProbDist,
bins=len(vocabulary))
>>> # Now we can get the MLE probabilities by using the .prob method:
>>> [cpd_mle[a].prob(b) for (a,b) in nltk.bigrams(sentence)]
[0, 1.0, 0.0]
>>> # LaplaceProbDist is the add-one smoothed ProbDist:
>>> cpd_laplace = nltk.ConditionalProbDist(cfd, nltk.LaplaceProbDist,
bins=len(vocabulary))
>>> # Getting the Laplace probabilities is the same as for MLE:
>>> [cpd_laplace[a].prob(b) for (a,b) in nltk.bigrams(sentence)]
[0.07692307692307693, 0.14285714285714285, 0.06666666666666667]
```

2.2.2 Good Turing 平滑

Good Turing 平滑是由 Alan Turing 和他的统计助理 I.J. Good 提出的。这是一种有效的平滑方法，这种方法提高了用于执行语言学任务的统计技术的性能，例如词义消歧（WSD）、命名实体识别（NER）、拼写校正、机器翻译等。此方法有助于预测未知对象的概率。在该方法中，我们感兴趣的对象服从二项分布。在大样本量的基础上，该方法可用于计算出现 0 次或出现较低次数样本的质量概率。通过对对数空间上的一条线性直线进行线性回归运算，Simple Good Turing 可以执行从一个频率到另一个频率的近似估计。如果 $c\backslash$是调整后的计数，它将计算如下：

$$c\backslash = (c + 1)\,N(c + 1) / N(c) \quad c >= 1$$

$c == 0$，训练文件中的零频率的样本$= N(1)$。

这里，c 是初始计数，$N(i)$是用计数 i 观察到的事件类型的数量。

Bill Gale 和 Geoffrey Sampson 已经呈现了 Simple Good Turing 平滑：

```
class SimpleGoodTuringProbDist(ProbDistI):
"""


    Given a pair (pi, qi), where pi refers to the frequency and
    qi refers to the frequency of frequency, our aim is to minimize
the
    square variation. E(p) and E(q) is the mean of pi and qi.

    - slope, b = sigma ((pi-E(p)(qi-E(q))) / sigma ((pi-E(p))(pi-E(p)))
    - intercept: a = E(q) - b.E(p)
"""
    SUM_TO_ONE = False
    def __init__(self, freqdist, bins=None):
"""
        param freqdist refers to the count of frequency from which
probability
        distribution is estimated.
        Param bins is used to estimate the possible number of samples.
"""
        assert bins is None or bins > freqdist.B(),\
'bins parameter must not be less than %d=freqdist.B()+1' %
(freqdist.B()+1)
        if bins is None:
            bins = freqdist.B() + 1
        self._freqdist = freqdist
        self._bins = bins
        r, nr = self._r_Nr()
        self.find_best_fit(r, nr)
        self._switch(r, nr)
        self._renormalize(r, nr)

    def _r_Nr_non_zero(self):
        r_Nr = self._freqdist.r_Nr()
        del r_Nr[0]
        return r_Nr
    def _r_Nr(self):
"""
Split the frequency distribution in two list (r, Nr), where Nr(r) > 0
"""
        nonzero = self._r_Nr_non_zero()
```

```
        if not nonzero:
            return [], []
        return zip(*sorted(nonzero.items()))

    def find_best_fit(self, r, nr):
"""
        Use simple linear regression to tune parameters self._slope
and self._intercept in the log-log space based on count and
Nr(count) (Work in log space to avoid floating point underflow.)
"""
        # For higher sample frequencies the data points becomes
horizontal
        # along line Nr=1. To create a more evident linear model in
log-log
        # space, we average positive Nr values with the surrounding
zero
        # values. (Church and Gale, 1991)

        if not r or not nr:
            # Empty r or nr?
            return

        zr = []
        for j in range(len(r)):
            i = (r[j-1] if j > 0 else 0)
            k = (2 * r[j] - i if j == len(r) - 1 else r[j+1])
            zr_ = 2.0 * nr[j] / (k - i)
            zr.append(zr_)

        log_r = [math.log(i) for i in r]
        log_zr = [math.log(i) for i in zr]

        xy_cov = x_var = 0.0
        x_mean = 1.0 * sum(log_r) / len(log_r)
        y_mean = 1.0 * sum(log_zr) / len(log_zr)
        for (x, y) in zip(log_r, log_zr):
            xy_cov += (x - x_mean) * (y - y_mean)
            x_var += (x - x_mean)**2
        self._slope = (xy_cov / x_var if x_var != 0 else 0.0)
            if self._slope >= -1:
```

```
                    warnings.warn('SimpleGoodTuring did not find a proper best
fit '
'line for smoothing probabilities of occurrences. '
'The probability estimates are likely to be '
'unreliable.')
          self._intercept = y_mean - self._slope * x_mean

     def _switch(self, r, nr):
"""
          Calculate the r frontier where we must switch from Nr to Sr
          when estimating E[Nr].
"""
          for i, r_ in enumerate(r):
              if len(r) == i + 1 or r[i+1] != r_ + 1:
                  # We are at the end of r, or there is a gap in r
                  self._switch_at = r_
                  break

              Sr = self.smoothedNr
              smooth_r_star = (r_ + 1) * Sr(r_+1) / Sr(r_)
              unsmooth_r_star = 1.0 * (r_ + 1) * nr[i+1] / nr[i]

              std = math.sqrt(self._variance(r_, nr[i], nr[i+1]))
              if abs(unsmooth_r_star-smooth_r_star) <= 1.96 * std:
                  self._switch_at = r_
                  break

    def _variance(self, r, nr, nr_1):
        r = float(r)
        nr = float(nr)
        nr_1 = float(nr_1)
        return (r + 1.0)**2 * (nr_1 / nr**2) * (1.0 + nr_1 / nr)

    def _renormalize(self, r, nr):
"""
```

重整化对于确保获取到正确的概率分布是至关重要的。它可以通过公式 $N(1)/N$ 对未知的样本进行概率估计，然后对所有之前所见的样本概率进行重整来获取：

```
"""
          prob_cov = 0.0
          for r_, nr_ in zip(r, nr):
              prob_cov += nr_ * self._prob_measure(r_)
```

```
        if prob_cov:
            self._renormal = (1 - self._prob_measure(0)) / prob_cov

    def smoothedNr(self, r):
"""
        Return the number of samples with count r.

"""

        # Nr = a*r^b (with b < -1 to give the appropriate hyperbolic
        # relationship)
        # Estimate a and b by simple linear regression technique on
        # the logarithmic form of the equation: log Nr = a + b*log(r)

        return math.exp(self._intercept + self._slope * math.log(r))

    def prob(self, sample):
"""
        Return the sample's probability.
"""
        count = self._freqdist[sample]
        p = self._prob_measure(count)
        if count == 0:
            if self._bins == self._freqdist.B():
                p = 0.0
            else:
                p = p / (1.0 * self._bins - self._freqdist.B())
        else:
            p = p * self._renormal
        return p

    def _prob_measure(self, count):
        if count == 0 and self._freqdist.N() == 0 :
            return 1.0
        elif count == 0 and self._freqdist.N() != 0:
            return 1.0 * self._freqdist.Nr(1) / self._freqdist.N()
        if self._switch_at > count:
            Er_1 = 1.0 * self._freqdist.Nr(count+1)
            Er = 1.0 * self._freqdist.Nr(count)
        else:
            Er_1 = self.smoothedNr(count+1)
            Er = self.smoothedNr(count)

        r_star = (count + 1) * Er_1 / Er
```

```
        return r_star / self._freqdist.N()

    def check(self):
        prob_sum = 0.0
        for i in range(0, len(self._Nr)):
            prob_sum += self._Nr[i] * self._prob_measure(i) / self._
renormal
        print("Probability Sum:", prob_sum)
        #assert prob_sum != 1.0, "probability sum should be one!"

    def discount(self):
"""
        It is used to provide the total probability transfers from the
        seen events to the unseen events.
"""
        return 1.0 * self.smoothedNr(1) / self._freqdist.N()

    def max(self):
        return self._freqdist.max()

    def samples(self):
        return self._freqdist.keys()

    def freqdist(self):
        return self._freqdist

    def __repr__(self):
"""
        It obtains the string representation of ProbDist.
"""
        return '<SimpleGoodTuringProbDist based on %d samples>'\
                % self._freqdist.N()
```

让我们来看看 NLTK 中有关 Simple Good Turing 的代码：

```
>>> gt = lambda fd, bins: SimpleGoodTuringProbDist(fd, bins=1e5)
>>> train_and_test(gt)
5.17%
```

2.2.3 Kneser Ney 平滑

Kneser Ney 平滑是与 trigrams 一起使用的。让我们来看看下面 NLTK 中的有关 Kneser Ney 平滑的代码：

```
>>> import nltk
>>> corpus = [[((x[0],y[0],z[0]),(x[1],y[1],z[1]))
     for x, y, z in nltk.trigrams(sent)]
   for sent in corpus[:100]]
>>> tag_set = unique_list(tag for sent in corpus for (word,tag) in
sent)
>>> len(tag_set)
906
>>> symbols = unique_list(word for sent in corpus for (word,tag) in
sent)
>>> len(symbols)
1341
>>> trainer = nltk.tag.HiddenMarkovModelTrainer(tag_set, symbols)
>>> train_corpus = []
>>> test_corpus = []
>>> for i in range(len(corpus)):
if i % 10:
train_corpus += [corpus[i]]
else:
test_corpus += [corpus[i]]

>>> len(train_corpus)
90
>>> len(test_corpus)
10
>>> kn = lambda fd, bins: KneserNeyProbDist(fd)
>>> train_and_test(kn)
0.86%
```

2.2.4 Witten Bell 平滑

Witten Bell 是用于处理具有 0 概率的未知单词的一种平滑算法。让我们考虑如下 NLTK 中关于 Witten Bell 平滑的代码：

```
>>> train_and_test(WittenBellProbDist)
6.90%
```

2.3 为 MLE 开发一个回退机制

Katz 回退模型可以认为是一个具备高效生产力的 n gram 语言模型，如果在 n gram 中能够给出一个指定标识符的先前信息，那么该模型可以计算出其条件概率。依据这个模型，在训练文件中，如果 n gram 出现的次数多于 n 次，在已知其先前信息的条件下，标识符的条件概率与该 n gram 的 MLE 成正比。否则，条件概率相当于(n-1) gram 的回退条件概率。

以下是 NLTK 中有关 Katz 回退模型的代码：

```
def prob(self, word, context):
"""
Evaluate the probability of this word in this context using Katz
Backoff.
: param word: the word to get the probability of
: type word: str
:param context: the context the word is in
:type context: list(str)
"""
context = tuple(context)
if(context+(word,) in self._ngrams) or (self._n == 1):
return self[context].prob(word)
else:
return self._alpha(context) * self._backoff.prob(word,context[1:])
```

2.4 应用数据的插值以便获取混合搭配

使用加法平滑模型 bigram 的局限是当我们处理罕见文本时就会回退到一个不可知的状态。例如，单词 captivating 在训练数据中出现了五次，其中三次出现在 by 之前，两次出现在 the 之前。使用加法平滑模型，在 captivating 之前，a 和 new 的出现频率是一样的。这两种情况都是合理的，但与后者相比前者出现的可能性更大。这个问题可以通过使用 unigram 概率模型来修正。我们可以开发一个能够结合 unigram 和 bigram 概率模型的插值模型。

在语言模型训练工具 SRILM 中，我们先通过用`-order 1`来训练 unigram 模型并用`-order 2`来训练 bigram 模型来执行插值模型：

```
ngram - count - text / home / linux / ieng6 / ln165w / public / data
/ engand hintrain . txt \ - vocab / home / linux / ieng6 / ln165w /
public / data / engandhinlexicon . txt \ - order 1 - addsmooth 0.0001
- lm wsj1 . lm
```

2.5 通过复杂度来评估语言模型

NLTK 中的`nltk.model.ngram`模块有一个子模块`perplexity(text)`。这个子

模块用于评估指定文本的复杂度。复杂度（Perplexity）被定义为文本的 2 **交叉熵。复杂度定义了概率模型或概率分布是怎样被用于预测文本的。

nltk.model.ngram 模块中所呈现的用于评估文本复杂度的代码如下：

```
def perplexity(self, text):
"""
        Calculates the perplexity of the given text.
        This is simply 2 ** cross-entropy for the text.

        :param text: words to calculate perplexity of
        :type text: list(str)
"""

        return pow(2.0, self.entropy(text))
```

2.6 在语言建模中应用 Metropolis-Hastings 算法

在马尔科夫链蒙特卡罗 (Markov Chain Monte Carlo，MCMC)中有多种关于后验概率的执行处理方法。一种方法是使用 Metropolis-Hastings 采样器。为了实现 Metropolis-Hastings 算法，我们需要标准的均匀分布、建议分布和与后验概率成正比的目标分布。下面的话题谈论了一个有关 Metropolis-Hastings 算法的示例。

2.7 在语言处理中应用 Gibbs 采样法

在 Gibbs 采样法的帮助下，可以通过从条件概率中采样建立马尔科夫链。当完成了对所有参数的迭代时，就完成了一次 Gibbs 采样周期。当不能从条件分布中采样时，则可以使用 Metropolis-Hastings 算法，这被称作 Metropolis within Gibbs。Gibbs 采样法可以认为是具有特殊建议分布的 Metropolis-hastings 采样法。在每一次迭代中，我们为每一个特定参数的新值抽取一个建议值。

考虑一个关于投掷两枚硬币的例子，它以一枚硬币正面朝上的次数和掷币次数为表征：

```
def bern(theta,z,N):
"""Bernoulli likelihood with N trials and z successes."""
return np.clip(theta**z*(1-theta)**(N-z),0,1)
def bern2(theta1,theta2,z1,z2,N1,N2):
"""Bernoulli likelihood with N trials and z successes."""
```

```
return bern(theta1,z1,N1)*bern(theta2,z2,N2)
def make_thetas(xmin,xmax,n):
xs=np.linspace(xmin,xmax,n)
widths=(xs[1:]-xs[:-1])/2.0
thetas=xs[:-1]+widths
return thetas
def make_plots(X,Y,prior,likelihood,posterior,projection=None):
fig,ax=plt.subplots(1,3,subplot_kw=dict(projection=projection,aspect='
equal'),figsize=(12,3))
if projection=='3d':
ax[0].plot_surface(X,Y,prior,alpha=0.3,cmap=plt.cm.jet)
ax[1].plot_surface(X,Y,likelihood,alpha=0.3,cmap=plt.cm.jet)
ax[2].plot_surface(X,Y,posterior,alpha=0.3,cmap=plt.cm.jet)
else:
ax[0].contour(X,Y,prior)
ax[1].contour(X,Y,likelihood)
ax[2].contour(X,Y, posterior)
ax[0].set_title('Prior')
ax[1].set_title('Likelihood')
ax[2].set_title('posteior')
plt.tight_layout()
thetas1=make_thetas(0,1,101)
thetas2=make_thetas(0,1,101)
X,Y=np.meshgrid(thetas1,thetas2)
```

对于 Metropolis 算法，可考虑以下值：

```
a=2
b=3

z1=11
N1=14
z2=7
N2=14

prior=lambda theta1,theta2:stats.beta(a,b).pdf(theta1)*stats.beta(a,b).
pdf(theta2)
lik=partial(bern2,z1=z1,z2=z2,N1=N1,N2=N2)
target=lambda theta1,theta2:prior(theta1,theta2)*lik(theta1,theta2)

theta=np.array([0.5,0.5])
niters=10000
burnin=500
```

```
sigma=np.diag([0.2,0.2])

thetas=np.zeros((niters-burnin,2),np.float)
for i inrange(niters):
new_theta=stats.multivariate_normal(theta,sigma).rvs()
p=min(target(*new_theta)/target(*theta),1)
if np.random.rand()<p:
theta=new_theta
if i>=burnin:
thetas[i-burnin]=theta
kde=stats.gaussian_kde(thetas.T)
XY=np.vstack([X.ravel(),Y.ravel()])
posterior_metroplis=kde(XY).reshape(X.shape)
make_plots(X,Y,prior(X,Y),lik(X,Y),posterior_metroplis)
make_plots(X,Y,prior(X,Y),lik(X,Y),posterior_
metroplis,projection='3d')
```

对于 Gibbs，可考虑以下值：

```
a=2
b=3

z1=11
N1=14
z2=7
N2=14

prior=lambda theta1,theta2:stats.beta(a,b).pdf(theta1)*stats.
beta(a,b).pdf(theta2)
lik=partial(bern2,z1=z1,z2=z2,N1=N1,N2=N2)
target=lambda theta1,theta2:prior(theta1,theta2)*lik(theta1,theta2)

theta=np.array([0.5,0.5])
niters=10000
burnin=500
sigma=np.diag([0.2,0.2])

thetas=np.zeros((niters-burnin,2),np.float)
for i inrange(niters):
theta=[stats.beta(a+z1,b+N1-z1).rvs(),theta[1]]
theta=[theta[0],stats.beta(a+z2,b+N2-z2).rvs()]

if i>=burnin:
thetas[i-burnin]=theta
```

```
kde=stats.gaussian_kde(thetas.T)
XY=np.vstack([X.ravel(),Y.ravel()])
posterior_gibbs=kde(XY).reshape(X.shape)
make_plots(X,Y,prior(X,Y),lik(X,Y), posterior_gibbs)
make_plots(X,Y,prior(X,Y),lik(X,Y), posterior_gibbs,projection='3d')
```

在上面有关 Metropolis 和 Gibbs 的代码中，可以获取到先验概率、似然估计和后验概率的 2D 和 3D 图。

2.8 小结

在本章中，我们讨论了单词频率（unigram、bigram 和 trigram）。你已经学习了最大似然估计以及它在 NLTK 中的实现。此外我们还讨论了插值法、回退法、Gibbs 采样法和 Metropolis-hastings 算法。同时我们还讨论了如何通过复杂度来进行语言建模。

在下一章中，我们将讨论词干提取器（Stemmer）和词形还原器（Lemmatizer），以及使用机器学习工具创建形态生成器（Morphological generator）。

第3章 形态学：在实践中学习

形态学可以定义为使用语素对单词的构成进行研究，语素是具有意义的最小语言单位。本章中，我们将会介绍词干提取和词形还原，以及有关非英文语言的词干提取器和词形还原器，使用机器学习工具开发形态分析器和形态生成器，还会介绍搜索引擎及其他诸如此类的概念。

简而言之，本章将包含以下主题：

- 形态学简介。
- 理解词干提取器。
- 理解词形还原。
- 为非英文语言开发词干提取器。
- 形态分析器。
- 形态生成器。
- 搜索引擎。

3.1 形态学简介

形态学可以定义为在语素的帮助下对标识符的构成进行研究。语素是承载意义的基本语言单位。语素有两种类型：词根和词缀（后缀、前缀、中缀和环缀）。

词根也被称作自由语素，因为它们甚至可以在不添加词缀的情况下而存在。词缀被称作粘着语素，因为它们不能以自由的形式而存在，总是与自由语素共存。考虑单词

unbelievable，在这里，believe 是词根或者叫自由语素，它可以独立地存在。语素 un 和 able 是词缀或者叫粘着语素，它们不能以自由的形式而存在，但是可以与词根共存。语言可分为三类，即孤立语（isolating languages）、粘着语（agglutinative languages）和屈折语（inflecting languages）。形态学在这些语言中有着不同的含义。在孤立语中，单词仅由自由语素构成并且它们不具备任何时态（过去，现在和将来）和数（单数或复数）的信息，其中汉语是孤立语的一个例子。在粘着语中，是将短词结合在一起以传达复合的信息，其中土耳其语是粘着语的一个例子。在屈折语中，单词被分解成更简单的语言单位，但是所有这些语言单位表达了不同的含义，其中拉丁语是屈折语的一个例子。形态学过程包括以下几种类型：屈折、派生、半词缀、组合形式和复缀化。屈折意味着将单词转换为某种形式，以便它可以代表人称、数、时态、性别、所有格、语态和语气，这里，单词的句法类型保持不变。在派生词中，单词的句法类型也被改变了。半词缀是呈现单词的粘着语素，例如 quality、noteworthy、antisocial、anticlockwise 等词。

3.2 理解词干提取器

词干提取可以被定义为一个通过去除单词中的词缀以获取词干的过程。以单词 raining 为例，词干提取器通过从 raining 中去除词缀来返回其词根或词干 rain。为了提高信息检索的准确性，搜索引擎大多会使用词干提取来获取词干并将其存储为索引词。搜索引擎使用具有相同含义的同义词，这可能是一种被称为异文合并的查询扩展。Martin Porter 已经设计了一个广为人知的被称作 *Porter* 的词干提取算法。该算法基本上用于替换和消除英文单词中的一些众所周知的后缀。为了在 NLTK 中执行词干提取，我们可以简单地对 PorterStemmer 类进行实例化，然后通过调用 stem 方法来进行词干提取。

让我们来看看有关在 NLTK 中使用 PorterStemmer 类进行词干提取的代码：

```
>>> import nltk
>>> from nltk.stem import PorterStemmer
>>> stemmerporter = PorterStemmer()
>>> stemmerporter.stem('working')
'work'
>>> stemmerporter.stem('happiness')
'happi'
```

PorterStemmer 类被训练并已经掌握了英文的许多词干和单词形式。词干提取的过程需要一系列的步骤，并最终将单词变换成较短的单词或与词根具有相似含义的单词。Stemmer I 接口定义了 stem()方法，所有的词干提取器类都继承自 Stemmer I 接口。继承关系如图 3-1 所示。

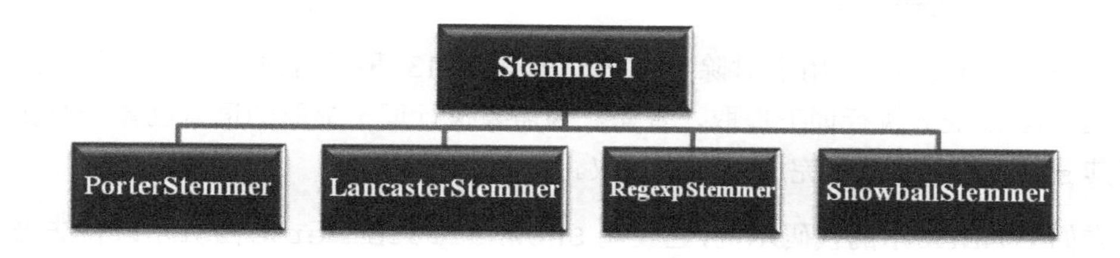

图 3-1

另一种被称作 Lancaster 的词干提取算法是由兰卡斯特大学（Lancaster University）提出的。类似于 PorterStemmer 类，LancasterStemmer 类在 NLTK 中用于实现 Lancaster 词干提取算法。然而，两种算法之间的主要区别之一是 Lancaster 词干提取算法比 Porter 词干提取算法涉及更多不同情感词的使用。

让我们考虑如下用于描述在 NLTK 中执行 Lancaster 词干提取的代码：

```
>>> import nltk
>>> from nltk.stem import LancasterStemmer
>>> stemmerlan=LancasterStemmer()
>>> stemmerlan.stem('working')
'work'
>>> stemmerlan.stem('happiness')
'happy'
```

在 NLTK 中，我们通过使用 RegexpStemmer 类也可以构建属于我们自己的词干提取器。它的工作原理是通过接收一个字符串，并在找到其匹配的单词时删除该单词的前缀或后缀。

让我们考虑一个在 NLTK 中使用 RegexpStemmer 进行词干提取的例子：

```
>>> import nltk
>>> from nltk.stem import RegexpStemmer
>>> stemmerregexp=RegexpStemmer('ing')
>>> stemmerregexp.stem('working')
'work'
>>> stemmerregexp.stem('happiness')
'happiness'
>>> stemmerregexp.stem('pairing')
'pair'
```

我们可以在无法使用 PorterStemmer 和 LancasterStemmer 进行词干提取的情况下使用 RegexpStemmer。

SnowballStemmer 用于对除英文之外的其他 13 种语言进行词干提取。为了使用 SnowballStemmer 执行词干提取，首先，为需要执行词干提取的语言创建一个实例，然后调用其 stem() 方法，就完成了词干提取。

考虑如下 NLTK 中的代码示例，它使用 SnowballStemmer 对西班牙语和法语执行了词干提取：

```
>>> import nltk
>>> from nltk.stem import SnowballStemmer
>>> SnowballStemmer.languages
('danish', 'dutch', 'english', 'finnish', 'french', 'german',
'hungarian', 'italian', 'norwegian', 'porter', 'portuguese',
'romanian', 'russian', 'spanish', 'swedish')
>>> spanishstemmer=SnowballStemmer('spanish')
>>> spanishstemmer.stem('comiendo')
'com'
>>> frenchstemmer=SnowballStemmer('french')
>>> frenchstemmer.stem('manger')
'mang'
```

nltk.stem.api 由可以在其中执行 stem 函数的 StemmerI 类组成。

考虑如下 NLTK 中的代码，它能够让我们执行词干提取：

```
class StemmerI(object):
"""
It is an interface that helps to eliminate morphological affixes from
the tokens and the process is known as stemming.
"""
def stem(self, token):
"""
Eliminate affixes from token and stem is returned.
"""
raise NotImplementedError()
```

让我们来看看使用多个词干提取器进行词干提取的代码：

```
>>> import nltk
>>> from nltk.stem.porter import PorterStemmer
>>> from nltk.stem.lancaster import LancasterStemmer
```

```
>>> from nltk.stem import SnowballStemmer
>>> def obtain_tokens():
With open('/home/p/NLTK/sample1.txt') as stem: tok = nltk.word_
tokenize(stem.read())
return tokens
>>> def stemming(filtered):
stem=[]
for x in filtered:
stem.append(PorterStemmer().stem(x))
return stem
>>> if_name_=="_main_":
tok= obtain_tokens()
>>> print("tokens is %s")%(tok)
>>> stem_tokens= stemming(tok)
>>> print("After stemming is %s")%stem_tokens
>>> res=dict(zip(tok,stem_tokens))
>>> print("{tok:stemmed}=%s")%(result)
```

3.3 理解词形还原

词形还原是一个用不同的词类将一个单词转换为某种形式的过程。词形还原后的单词形式是完全不同的。WordNetLemmatizer 类中内建的 morphy() 函数用于词形还原。如果在 WordNet 中找不到输入的单词，则其保持不变。参数中，pos 所指的是输入单词的词性类别。

考虑一个在 NLTK 中执行词形还原的例子：

```
>>> import nltk
>>> from nltk.stem import WordNetLemmatizer
>>> lemmatizer_output=WordNetLemmatizer()
>>> lemmatizer_output.lemmatize('working')
'working'
>>> lemmatizer_output.lemmatize('working',pos='v')
'work'
>>> lemmatizer_output.lemmatize('works')
'work'
```

WordNetLemmatizer 库可以认为是对所谓的 WordNet 语料库进行的封装，它使用 WordNetCorpusReader 中的 morphy() 函数来提取词根。如果没有词根可提取，那么单词只返回其原始形式。例如，对于 works，返回的词根是其单数形式 work。

让我们考虑下面的代码，这段代码展示了词干提取和词形还原之间的区别：

```
>>> import nltk
>>> from nltk.stem import PorterStemmer
>>> stemmer_output=PorterStemmer()
>>> stemmer_output.stem('happiness')
'happi'
>>> from nltk.stem import WordNetLemmatizer
>>> lemmatizer_output=WordNetLemmatizer()
>>> lemmatizer_output.lemmatize('happiness')
'happiness'
```

在上面的代码中，`happiness` 通过词干提取转化为 `happi`，词形还原没有找到 `happiness` 的词根，因此它返回了 `happiness`。

3.4 为非英文语言开发词干提取器

Polyglot 是一个用于提供被称作 morfessor 模型的软件，该模型用于从标识符中获取语素。Morpho 项目的目标是创建无监督的数据驱动流程，其主要目的就是专注于语素（语法的最小单位）的创建。语素在自然语言处理中扮演着重要角色，其在自动识别和语言的生成中是非常有用的。在 Polyglot 的词汇词典的帮助下，已经使用了涉及不同语言的 50000 个标识符的 morfessor 模型。

让我们来看看使用 `polyglot` 获取语言表格的代码：

```
from polyglot.downloader import downloader
print(downloader.supported_languages_table("morph2"))
```

由以上代码得到的输出就是这里列出的语言：

1. Piedmontese language	2. Lombard language	3. Gan Chinese
4. Sicilian	5. Scots	6. Kirghiz, Kyrgyz
7. Pashto, Pushto	8. Kurdish	9. Portuguese
10. Kannada	11. Korean	12. Khmer
13. Kazakh	14. Ilokano	15. Polish
16. Panjabi, Punjabi	17. Georgian	18. Chuvash
19. Alemannic	20. Czech	21. Welsh
22. Chechen	23. Catalan; Valencian	24. Northern Sami
25. Sanskrit (Sa?sk?ta)	26. Slovene	27. Javanese

28. Slovak	29. Bosnian-Croatian-Serbian	30. Bavarian
31. Swedish	32. Swahili	33. Sundanese
34. Serbian	35. Albanian	36. Japanese
37. Western Frisian	38. French	39. Finnish
40. Upper Sorbian	41. Faroese	42. Persian
43. Sinhala, Sinhalese	44. Italian	45. Amharic
46. Aragonese	47. Volapük	48. Icelandic
49. Sakha	50. Afrikaans	51. Indonesian
52. Interlingua	53. Azerbaijani	54. Ido
55. Arabic	56. Assamese	57. Yoruba
58. Yiddish	59. Waray-Waray	60. Croatian
61. Hungarian	62. Haitian; Haitian Creole	63. Quechua
64. Armenian	65. Hebrew (modern)	66. Silesian
67. Hindi	68. Divehi; Dhivehi; Mald...	69. German
70. Danish	71. Occitan	72. Tagalog
73. Turkmen	74. Thai	75. Tajik
76. Greek, Modern	77. Telugu	78. Tamil
79. Oriya	80. Ossetian, Ossetic	81. Tatar
82. Turkish	83. Kapampangan	84. Venetian
85. Manx	86. Gujarati	87. Galician
88. Irish	89. Scottish Gaelic; Gaelic	90. Nepali
91. Cebuano	92. Zazaki	93. Walloon
94. Dutch	95. Norwegian	96. Norwegian Nynorsk
97. West Flemish	98. Chinese	99. Bosnian
100. Breton	101. Belarusian	102. Bulgarian
103. Bashkir	104. Egyptian Arabic	105. Tibetan Standard, Tib...
106. Bengali	107. Burmese	108. Romansh
109. Marathi (Mara?hi)	110. Malay	111. Maltese
112. Russian	113. Macedonian	114. Malayalam
115. Mongolian	116. Malagasy	117. Vietnamese
118. Spanish; Castilian	119. Estonian	120. Basque
121. Bishnupriya Manipuri	122. Asturian	123. English
124. Esperanto	125. Luxembourgish, Letzeb...	126. Latin
127. Uighur, Uyghur	128. Ukrainian	129. Limburgish, Limburgan...
130. Latvian	131. Urdu	132. Lithuanian
133. Fiji Hindi	134. Uzbek	135. Romanian, Moldavian, ...

可使用以下代码下载必要的模型：

```
%%bash
polyglot download morph2.en morph2.ar

[polyglot_data] Downloading package morph2.en to
[polyglot_data] /home/rmyeid/polyglot_data...
[polyglot_data] Package morph2.en is already up-to-date!
[polyglot_data] Downloading package morph2.ar to
[polyglot_data] /home/rmyeid/polyglot_data...
[polyglot_data] Package morph2.ar is already up-to-date!
```

考虑一个可用于从 polyglot 中获取输出的示例：

```
from polyglot.text import Text, Word
tokens =["unconditional" ,"precooked", "impossible", "painful",
"entered"]
for s in tokens:
s=Word(s, language="en")
print("{:<20}{}".format(s,s.morphemes))

unconditional['un','conditional']
precooked['pre','cook','ed']
impossible['im','possible']
painful['pain','ful']
entered['enter','ed']
```

如果没有正确地执行切分，那么我们就可以对将文本分割成原始成分的过程进行形态学分析：

```
sent="Ihopeyoufindthebookinteresting"
para=Text(sent)
para.language="en"
para.morphemes
WordList(['I','hope','you','find','the','book','interesting'])
```

3.5 形态分析器

在给定标识符后缀信息的前提下，形态分析可以认为是一个从标识符中获取语法信息的过程。可以通过以下三种方式来执行形态分析：基于语素的形态学（或一个项目和排列方法），基于词位的形态学（或一个项目和过程方法）和基于单词的形态学（或一个单词和范式方法)。形态分析器可以认为是一个程序，该程序负责对给定的输入标识符进行形态学分析。它分析给定的标识符并生成诸如性别、数、词类等形态信息作为输出。

为了对一个给定的没有空格的标识符执行形态学分析，需要使用 pyEnchant 字典。

让我们考虑下面用于执行形态学分析的代码：

```
>>> import enchant
>>> s = enchant.Dict("en_US")
>>> tok=[]
>>> def tokenize(st1):
if not st1:return
for j in xrange(len(st1),-1,-1):
if s.check(st1[0:j]):
tok.append(st1[0:i])
st1=st[j:]
tokenize(st1)
break
>>> tokenize("itismyfavouritebook")
>>> tok
['it', 'is', 'my','favourite','book']
>>> tok=[ ]
>>> tokenize("ihopeyoufindthebookinteresting")
>>> tok
['i','hope','you','find','the','book','interesting']
```

我们可以借助以下几点来确定词的类别：

- **形态提示**：后缀信息有助于我们检测词的类别。例如，-ness 和-ment 后缀与名词共存。
- **语法提示**：上下文信息有利于确定词的类别。例如，如果我们已经找到了具有名词类别的单词，那么语法提示将有助于我们确定是否有形容词会出现在名词之前或者名词之后。
- **语义提示**：语义提示对于确定词的类别也是有用的。例如，如果我们已经知道一个单词代表一个地名，那么它将归属在名词类别下。
- **开放类**：这是一个单词不固定的类别，无论何时一个新单词被添加到它们的列表中时，该类别单词的数量每天都在保持增长。开放类中的单词通常是名词。介词大多都在一个封闭类别中。例如，在人称（Persons）列表中可以有无限数量的单词，所以它是一个开放类。
- **由词性标记集获取的形态**：词性标记集获取了帮助我们执行形态学分析的信息。例如，单词 plays 将与第三人称和单数名词一起出现。

- **Omorfi**：Omorfi（Open morphology of Finnish）是一个已经被 GNU GPL 版本 3 许可的软件包。它可用于执行许多任务，例如语言建模、形态学分析、基于规则的机器翻译、信息检索、统计机器翻译 、形态分割、本体模型以及拼写检查和校正等。

3.6 形态生成器

形态生成器是执行形态生成任务的程序。可以认为形态生成是与形态分析相反的任务。这里，如果给出单词在数、类别、词干等方面的描述，就可以检索出原始的单词。例如，如果词根为 go，词性为动词，时态为现在时，并且如果它与第三人称和单数主语一起出现，则形态生成器将生成其表层形式 goes。

有很多基于 Python 的可用于执行形态学分析和生成的软件，其中一些如下：

- **ParaMorfo**：用于执行关于西班牙语和瓜拉尼语的名词、形容词和动词的形态学生成和分析。
- **HornMorpho**：用于执行关于奥罗莫语和阿姆哈拉语的名词和动词，以及提格里尼亚语的动词的形态学生成和分析。
- **AntiMorfo**：用于执行关于盖丘亚语的形容词、动词和名词，以及西班牙语的动词的形态学生成和分析。
- **MorfoMelayu**：用于马来语单词的形态学分析。

其他用于执行形态学分析和生成的软件示例如下：

- Morph 是用于 RASP 系统的英语的形态生成器和分析器。
- Morphy 是用于德语的形态生成器、分析器和词性标注器。
- Morphisto 是用于德语的形态生成器和分析器。
- Morfette 用于执行西班牙语和法语的监督学习（屈折形态学）。

3.7 搜索引擎

PyStemmer 1.0.1 由可用于执行信息检索任务和构建搜索引擎的 Snowball 词干提取算法组成。它由 Porter 词干提取算法和许多其他的词干提取算法组成，这些词干提取算法有助于在多种语言（包括许多欧洲语言）中执行词干提取和信息检索任务。

我们可以通过将文本转换为向量来构建向量空间搜索引擎。

以下是构建一个向量空间搜索引擎所涉及的步骤。

1．考虑以下用于删除停止词和分词的代码：词干提取器是一个用于接收单词并将其转化为词干的程序，拥有相同词干的标识符具有几乎相同的含义，文本中的停止词也被去除了。

```
def eliminatestopwords(self,list):
"""
Eliminate words which occur often and have not much significance
from context point of view.
"""
return[ word for word in list if word not in self.stopwords ]

def tokenize(self,string):
"""
Perform the task of splitting text into stop words and tokens
"""
Str=self.clean(str)
Words=str.split("")
return [self.stemmer.stem(word,0,len(word)-1) for word in words]
```

2．考虑如下可用于将关键词映射到向量维度的代码：

```
def obtainvectorkeywordindex(self, documentList):
"""
In the document vectors, generate the keyword for the given
position of element
"""



#Perform mapping of text into strings
vocabstring = "".join(documentList)

vocablist = self.parser.tokenise(vocabstring)
#Eliminate common words that have no search significance
vocablist = self.parser.eliminatestopwords(vocablist)
uniqueVocablist = util.removeDuplicates(vocablist)

vectorIndex={}
 offset=0
#Attach a position to keywords that performs mapping with
```

```
dimension that is used to depict this token
 for word in uniqueVocablist:
vectorIndex[word]=offset
offset+=1
 return vectorIndex #(keyword:position)
```

3. 这里使用了一个简单的术语计数模型。考虑下面将文本字符串转换为向量的代码：

```
def constructVector(self, wordString):

        # Initialise the vector with 0's
        Vector_val = [0] * len(self.vectorKeywordIndex)
        tokList = self.parser.tokenize(tokString)
        tokList = self.parser.eliminatestopwords(tokList)
        for word in toklist:
                vector[self.vectorKeywordIndex[word]] += 1;
# simple Term Count Model is used
        return vector
```

4. 通过找到文档的向量之间的角度的余弦来搜索相似文档，我们可以证明两个给定的文档是否相似。如果余弦值为1，那么角度值为0度，并且向量被认为是平行的（这意味着文档被认为是相关的）。如果余弦值为0并且角度的值为90度，那么向量被认为是垂直的（这意味着文档被认为是不相关的）。让我们看看使用SciPy来计算文本向量之间余弦的代码：

```
def cosine(vec1, vec2):
"""
                cosine = ( X * Y ) / ||X|| x ||Y||
"""
return float(dot(vec1,vec2) / (norm(vec1) * norm(vec2)))
```

5. 执行关键词到向量空间的映射。我们首先构建了一个表示搜索项的临时文本，然后在余弦测量的帮助下将其与文档向量进行比较。让我们看看下面用于搜索向量空间的代码：

```
def searching(self,searchinglist):
""" search for text that are matched on the basis oflist of
items """
        askVector = self.buildQueryVector(searchinglist)

ratings = [util.cosine(askVector, textVector) for textVector in
self.documentVectors]
        ratings.sort(reverse=True)
        return ratings
```

6．现在让我们考虑如下可用于对源文本进行语言检测的代码：

```
>>> import nltk
>>> import sys
>>> try:
from nltk import wordpunct_tokenize
from nltk.corpus import stopwords
except ImportError:
print( 'Error has occured')



#-----------------------------------------------------------------
-----
>>> def _calculate_languages_ratios(text):
"""
Compute probability of given document that can be written in
different languages and give a dictionary that appears like
{'german': 2, 'french': 4, 'english': 1}
"""
languages_ratios = {}
'''
nltk.wordpunct_tokenize() splits all punctuations into separate
tokens
wordpunct_tokenize("I hope you like the book interesting .")
[' I',' hope ','you ','like ','the ','book' ,'interesting ','.']
'''

tok = wordpunct_tokenize(text)
wor = [word.lower() for word in tok]

  # Compute occurence of unique stopwords in a text
for language in stopwords.fileids():
stopwords_set = set(stopwords.words(language))
words_set = set(words)
common_elements = words_set.intersection(stopwords_set)
languages_ratios[language] = len(common_elements)
# language "score"
return languages_ratios

#----------------------------------------------------------------

>>> def detect_language(text):
"""
```

```
Compute the probability of given text that is written in different
languages and obtain the one that is highest scored. It makes
use of stopwords calculation approach, finds out unique stopwords
present in a analyzed text.
"""
ratios = _calculate_languages_ratios(text)
most_rated_language = max(ratios, key=ratios.get)
return most_rated_language



if __name__=='__main__':

 text = '''
All over this cosmos, most of the people believe that there is
an invisible supreme power that is the creator and the runner of
this world. Human being is supposed to be the most intelligent and
loved creation by that power and that is being searched by human
beings in different ways into different things. As a result people
reveal His assumed form as per their own perceptions and beliefs.
It has given birth to different religions and people are divided
on the name of religion viz. Hindu, Muslim, Sikhs, Christian etc.
People do not stop at this. They debate the superiority of one
over the other and fight to establish their views. Shrewd people
like politicians oppose and support them at their own convenience
to divide them and control them. It has intensified to the extent
that even parents of a
new born baby teach it about religious differences and recommend
their own religion superior to that of others and let the child
learn to hate other people just because of religion. Jonathan
Swift, an eighteenth century novelist, observes that we have just
enough religion to make us hate, but not enough to make us love
one another.
The word 'religion' does not have a derogatory meaning - A literal
meaning of religion is 'A
personal or institutionalized system grounded in belief in a God
or Gods and the activities connected
with this'. At its basic level, 'religion is just a set of
teachings that tells people how to lead a good
life'. It has never been the purpose of religion to divide people
into groups of isolated followers that
cannot live in harmony together. No religion claims to teach
intolerance or even instructs its believers to segregate a
```

```
certain religious group or even take the fundamental rights of
an individual solely based on their religious choices. It is also
said that 'Majhab nhi sikhata aaps mai bair krna'.But this very
majhab or religion takes a very heinous form when it is misused
by the shrewd politicians and the fanatics e.g. in Ayodhya on 6th
December, 1992 some right wing political parties
and communal organizations incited the Hindus to demolish the 16th
century Babri Masjid in the
name of religion to polarize Hindus votes. Muslim fanatics in
Bangladesh retaliated and destroyed a
number of temples, assassinated innocent Hindus and raped Hindu
girls who had nothing to do with
the demolition of Babri Masjid. This very inhuman act has been
presented by Taslima Nasrin, a Bangladeshi Doctor-cum-Writer
in her controversial novel 'Lajja' (1993) in which, she seems
to utilizes fiction's mass emotional appeal, rather than its
potential for nuance and universality.
'''

>>> language = detect_language(text)

>>> print(language)
```

以上代码将搜索停止词并检测文本的语言类型，即 English。

3.8 小结

计算语言学领域有许多的应用。为了实现或构建一个应用程序，我们需要对我们的原始文本进行预处理。在本章中，我们已经讨论了词干提取、词形还原、形态分析和生成以及它们在 NLTK 中的实现。我们还讨论了各种搜索引擎以及它们的实现。

在下一章中，我们将讨论词性、标记和语块。

第 4 章 词性标注：单词识别

词性（Parts-of-speech，POS）标注是 NLP 中的众多任务之一。它被定义为将特定的词性标记分配给句中每个单词的过程。词性标记可以识别一个单词是否为名词、动词还是形容词等等。词性标注有着广泛的应用，例如信息检索、机器翻译、NER、语言分析等。

本章将包含以下主题：

- 创建词性标注语料库。
- 选择一种机器学习算法。
- 涉及 n-gram 的统计建模。
- 使用词性标注数据开发分块器。

4.1 词性标注简介

词性标注是一个对句中的每个标识符分配词类（例如名词、动词、形容词等）标记的过程。在 NLTK 中，词性标注器存在于 nltk.tag 包中并被 TaggerIbase 类所继承。

考虑一个 NLTK 中的例子，它为指定的句子执行词性标注：

```
>>> import nltk
>>> text1=nltk.word_tokenize("It is a pleasant day today")
>>> nltk.pos_tag(text1)
[('It', 'PRP'), ('is', 'VBZ'), ('a', 'DT'), ('pleasant', 'JJ'),
('day', 'NN'), ('today', 'NN')]
```

我们可以在 TaggerI 的所有子类中实现 tag()方法。为了评估标注器，TaggerI 提供了 evaluate()方法。标注器的组合可用于形成回退链，如果其中一个标注器无法完成词性标注时，则可以使用下一个标注器进行词性标注。

让我们看看由 **Penn Treebank** 提供的那些可用的标记列表（https://www.ling.upenn.edu/courses/Fall_2003/ling001/penn_treebank_pos.html）：

```
CC - Coordinating conjunction
CD - Cardinal number
DT - Determiner
EX - Existential there
FW - Foreign word
IN - Preposition or subordinating conjunction
JJ - Adjective
JJR - Adjective, comparative
JJS - Adjective, superlative
LS - List item marker
MD - Modal
NN - Noun, singular or mass
NNS - Noun, plural
NNP - Proper noun, singular
NNPS - Proper noun, plural
PDT - Predeterminer
POS - Possessive ending
PRP - Personal pronoun
PRP$ - Possessive pronoun (prolog version PRP-S)
RB - Adverb
RBR - Adverb, comparative
RBS - Adverb, superlative
RP - Particle
SYM - Symbol
TO - to
UH - Interjection
VB - Verb, base form
VBD - Verb, past tense
VBG - Verb, gerund or present participle
VBN - Verb, past participle
VBP - Verb, non-3rd person singular present
VBZ - Verb, 3rd person singular present
WDT - Wh-determiner
WP - Wh-pronoun
WP$ - Possessive wh-pronoun (prolog version WP-S)
WRB - Wh-adverb
```

NLTK 可以提供以上标记的信息。考虑以下提供了 NNS 标记信息的代码：

```
>>> nltk.help.upenn_tagset('NNS')
NNS: noun, common, plural
    undergraduates scotches bric-a-brac products bodyguards facets
coasts
    divestitures storehouses designs clubs fragrances averages
    subjectivists apprehensions muses factory-jobs ...
```

让我们来看另外一个例子，可以在该例中查询一个正则表达式：

```
>>> nltk.help.upenn_tagset('VB.*')
VB: verb, base form
    ask assemble assess assign assume atone attention avoid bake
balkanize
    bank begin behold believe bend benefit bevel beware bless boil
bomb
    boost brace break bring broil brush build ...
VBD: verb, past tense
    dipped pleaded swiped regummed soaked tidied convened halted
registered
    cushioned exacted snubbed strode aimed adopted belied figgered
    speculated wore appreciated contemplated ...
VBG: verb, present participle or gerund
    telegraphing stirring focusing angering judging stalling lactating
    hankerin' alleging veering capping approaching traveling besieging
    encrypting interrupting erasing wincing ...
VBN: verb, past participle
    multihulled dilapidated aerosolized chaired languished panelized
used
experimented flourished imitated reunifed factored condensed sheared
    unsettled primed dubbed desired ...
VBP: verb, present tense, not 3rd person singular
    predominate wrap resort sue twist spill cure lengthen brush
terminate
    appear tend stray glisten obtain comprise detest tease attract
    emphasize mold postpone sever return wag ...
VBZ: verb, present tense, 3rd person singular
    bases reconstructs marks mixes displeases seals carps weaves
snatches
    slumps stretches authorizes smolders pictures emerges stockpiles
    seduces fizzes uses bolsters slaps speaks pleads ...R
```

以上代码给出了关于动词短语的所有标记信息。

让我们来看一个例子，它描述了通过词性标注来实现词义消歧：

```
>>> import nltk
>>> text=nltk.word_tokenize("I cannot bear the pain of bear")
>>> nltk.pos_tag(text)
[('I', 'PRP'), ('can', 'MD'), ('not', 'RB'), ('bear', 'VB'), ('the',
'DT'), ('pain', 'NN'), ('of', 'IN'), ('bear', 'NN')]
```

在上面的句子中，这里的 bear 是一个动词，意思是容忍，同时 bear 也是一种动物，这意味着它是一个名词。

在 NLTK 中，已标注的标识符呈现为一个由标识符及其标记组成的元组。在 NLTK 中我们可以使用函数 str2tuple()来创建这个元组：

```
>>> import nltk
>>> taggedword=nltk.tag.str2tuple('bear/NN')
>>> taggedword
('bear', 'NN')
>>> taggedword[0]
'bear'
>>> taggedword[1]
'NN'
```

让我们考虑一个能够用给定的文本生成元组序列的例子：

```
>>> import nltk
>>> sentence='''The/DT sacred/VBN Ganga/NNP flows/VBZ in/IN this/DT
region/NN ./. This/DT is/VBZ a/DT pilgrimage/NN ./. People/NNP from/IN
all/DT over/IN the/DT country/NN visit/NN this/DT place/NN ./. '''
>>> [nltk.tag.str2tuple(t) for t in sentence.split()]
[('The', 'DT'), ('sacred', 'VBN'), ('Ganga', 'NNP'), ('flows', 'VBZ'),
('in', 'IN'), ('this', 'DT'), ('region', 'NN'), ('.', '.'), ('This',
'DT'), ('is', 'VBZ'), ('a', 'DT'), ('pilgrimage', 'NN'), ('.', '.'),
('People', 'NNP'), ('from', 'IN'), ('all', 'DT'), ('over', 'IN'),
('the', 'DT'), ('country', 'NN'), ('visit', 'NN'), ('this', 'DT'),
('place', 'NN'), ('.', '.')]
```

现在考虑如下将元组（单词及其词性标记）转换为一个单词和一个标记的代码：

```
>>> import nltk
>>> taggedtok = ('bear', 'NN')
```

```
>>> from nltk.tag.util import tuple2str
>>> tuple2str(taggedtok)
'bear/NN'
```

让我们来看看 Treebank 语料库中一些常用标记的出现频率：

```
>>> import nltk
>>> from nltk.corpus import treebank
>>> treebank_tagged = treebank.tagged_words(tagset='universal')
>>> tag = nltk.FreqDist(tag for (word, tag) in treebank_tagged)
>>> tag.most_common()
[('NOUN', 28867), ('VERB', 13564), ('.', 11715), ('ADP', 9857),
('DET', 8725), ('X', 6613), ('ADJ', 6397), ('NUM', 3546), ('PRT',
3219), ('ADV', 3171), ('PRON', 2737), ('CONJ', 2265)]
```

考虑如下代码，它计算了出现在一个名词标记之前的标记数量：

```
>>> import nltk
>>> from nltk.corpus import treebank
>>> treebank_tagged = treebank.tagged_words(tagset='universal')
>>> tagpairs = nltk.bigrams(treebank_tagged)
>>> preceders_noun = [x[1] for (x, y) in tagpairs if y[1] == 'NOUN']
>>> freqdist = nltk.FreqDist(preceders_noun)
>>> [tag for (tag, _) in freqdist.most_common()]
['NOUN', 'DET', 'ADJ', 'ADP', '.', 'VERB', 'NUM', 'PRT', 'CONJ',
'PRON', 'X', 'ADV']
```

我们也可以通过使用 Python 中的字典为标识符提供词性标记。让我们看看下面的代码，这段代码展示了使用 Python 中的字典来创建一个元组（单词：词性标记）：

```
>>> import nltk
>>> tag={}
>>> tag
{}
>>> tag['beautiful']='ADJ'
>>> tag
{'beautiful': 'ADJ'}
>>> tag['boy']='N'
>>> tag['read']='V'
>>> tag['generously']='ADV'
>>> tag
{'boy': 'N', 'beautiful': 'ADJ', 'generously': 'ADV', 'read': 'V'}
```

4.1.1 默认标注

默认标注是一种为所有标识符分配相同词性标记的标注。SequentialBackoffTagger 类的子类是 DefaultTagger。SequentialBackoffTagger 类必须实现 choose_tag() 方法，该方法包含以下参数：

- 标识符集。
- 需要被标注的标识符索引。
- 先前的标记列表。

标注器的层次结构如图 4-1 所示：

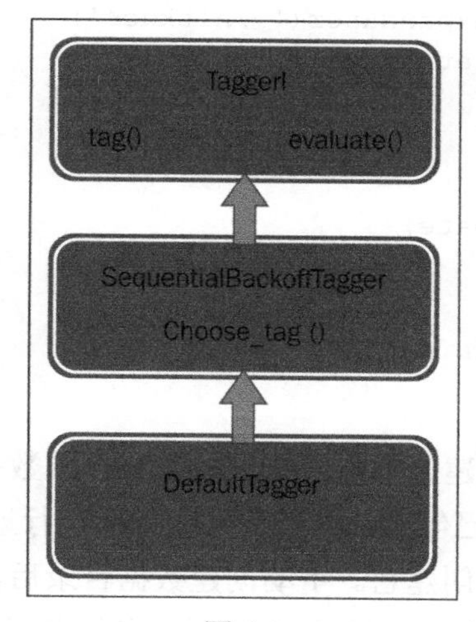

图 4-1

现在让我们来看看下面的代码，它展示了 DefaultTagger 类的工作原理：

```
>>> import nltk
>>> from nltk.tag import DefaultTagger
>>> tag = DefaultTagger('NN')
>>> tag.tag(['Beautiful', 'morning'])
[('Beautiful', 'NN'), ('morning', 'NN')]
```

我们可以借助 nltk.tag.untag() 函数将已标注的句子转换为未标注的句子。调用 nltk.tag.untag() 函数后，每个标识符上的标记将会被删除。

让我们来看看用于取消句子标注的代码：

```
>>> from nltk.tag import untag
>>> untag([('beautiful', 'NN'), ('morning', 'NN')])
['beautiful', 'morning']
```

4.2 创建词性标注语料库

一个语料库可以认为是文档的集合。一个语料库（集）是多个语料库的集合。

让我们来看看下面的代码，它将在主目录里生成一个数据目录：

```
>>> import nltk
>>> import os,os.path
>>> create = os.path.expanduser('~/nltkdoc')
>>> if not os.path.exists(create):
   os.mkdir(create)


>>> os.path.exists(create)
True
>>> import nltk.data
>>> create in nltk.data.path
True
```

这段代码将在主目录中创建一个叫作~/nltkdoc 的数据目录。代码的最后一行将返回 True，这将确保数据目录已创建。如果代码的最后一行返回 False，则意味着数据目录尚未被创建，我们需要手动创建它。手动创建数据目录后，我们可以测试一下最后一行代码，然后它将返回 True。在这个目录中，我们可以创建另一个叫作 nltkcorpora 的目录，它将包含全部的语料库。此时路径将是~/nltkdoc/nltkcorpora。我们也可以创建一个叫作 important 的子目录，它将包含所有必要的文件。

最后路径将是~/nltkdoc/nltkcorpora/important。

让我们来看看下面用于加载子目录中一个文本文件的代码：

```
>>> import nltk.data
>>> nltk.data.load('nltkcorpora/important/firstdoc.txt',format='raw')
'nltk\n'
```

以上代码中，我们在这里已经注意到 format ='raw'，因为 nltk.data.load() 函数无法解释.txt 文件。

NLTK 中有一个单词列表语料库叫作 Names 语料库。它由两个文件组成，分别称为 male.txt 和 female.txt。

让我们来看看分别用于生成 male.txt 和 female.txt 文件长度的代码：

```
>>> import nltk
>>> from nltk.corpus import names
>>> names.fileids()
['female.txt', 'male.txt']
>>> len(names.words('male.txt'))
2943
>>> len(names.words('female.txt'))
5001
```

NLTK 也囊括了一个大的英文单词集。让我们来看看用于描述英文单词文件所包含的单词数量的代码：

```
>>> import nltk
>>> from nltk.corpus import words
>>> words.fileids()
['en', 'en-basic']
>>> len(words.words('en'))
235886
>>> len(words.words('en-basic'))
850
```

考虑以下 NLTK 中用于定义 Maxent Treebank 词性标注器的代码：

```
def pos_tag(tok):
"""
```

我们可以使用由 NLTK 提供的词性标注器来标注一个标识符列表：

```
>>> from nltk.tag import pos_tag
>>> from nltk.tokenize import word_tokenize
>>> pos_tag(word_tokenize("Papa's favourite hobby is reading."))
        [('Papa', 'NNP'), ("'s", 'POS'), ('favourite', 'JJ'),
('hobby', 'NN'), ('is',
        'VBZ'), ('reading', 'VB'), ('.', '.')]

    :param tokens: list of tokens that need to be tagged
    :type tok: list(str)
    :return: The tagged tokens
    :rtype: list(tuple(str, str))
```

```
    """
    tagger = load(_POS_TAGGER)
    return tagger.tag(tok)

def batch_pos_tag(sent):
    """
    We can use part of speech tagger given by NLTK to perform tagging
of list of tokens.
    """
    tagger = load(_POS_TAGGER)
    return tagger.batch_tag(sent)
```

4.3 选择一种机器学习算法

词性标注也被称为词义消歧或语法标注。词性标注算法可分为两种类型：基于规则的（rule-based）或随机（stochastic/probabilistic）的标注算法。E. Brill's 标注器就是在基于规则的标注算法的基础上建立的。

词性分类器将文档作为输入并获取单词的特征。它借助这些与已经可用的训练标签相结合的单词特征来训练它自己。这种类型的分类器被称为二阶分类器，并且它使用引导分类器以便为单词生成标记。

一个 backoff 分类器是可以执行回退过程的分类器。可以通过这样的方式获取输出：三元词性标注器依赖于二元词性标注器，二元词性标注器依赖于一元词性标注器。

在训练词性分类器时，会生成一个特征集。该特征集大体组成如下：

- 当前单词的信息。
- 上一个单词或前缀的信息。
- 下一个单词或后缀的信息。

在 NLTK 中，FastBrillTagger 类是基于一元语法的。它使用一个包含已知单词及其词性标记信息的字典。

让我们来看看 NLTK 中使用 FastBrillTagger 的代码：

```
from nltk.tag import UnigramTagger
from nltk.tag import FastBrillTaggerTrainer

from nltk.tag.brill import SymmetricProximateTokensTemplate
```

```
from nltk.tag.brill import ProximateTokensTemplate
from nltk.tag.brill import ProximateTagsRule
from nltk.tag.brill import ProximateWordsRule

ctx = [ # Context = surrounding words and tags.
    SymmetricProximateTokensTemplate(ProximateTagsRule, (1, 1)),
    SymmetricProximateTokensTemplate(ProximateTagsRule, (1, 2)),
    SymmetricProximateTokensTemplate(ProximateTagsRule, (1, 3)),
    SymmetricProximateTokensTemplate(ProximateTagsRule, (2, 2)),
    SymmetricProximateTokensTemplate(ProximateWordsRule, (0, 0)),
    SymmetricProximateTokensTemplate(ProximateWordsRule, (1, 1)),
    SymmetricProximateTokensTemplate(ProximateWordsRule, (1, 2)),
    ProximateTokensTemplate(ProximateTagsRule, (-1, -1), (1, 1)),
]

tagger = UnigramTagger(sentences)
tagger = FastBrillTaggerTrainer(tagger, ctx, trace=0)
tagger = tagger.train(sentences, max_rules=100)
```

文本分类可以认为是一个为给定的输入确定词性标记的过程。

在监督式分类中，使用了一个包含单词及其正确标记的训练语料库。在非监督式分类中，不存在任何单词对和一个正确的标记列表。

在监督式分类中，在训练期间，特征提取器接受输入和标签并生成特征集，如图 4-2 所示。这些特征集与标签一起作为机器学习算法的输入。在测试或预测阶段，使用特征提取器从未知的输入中生成特征集，并且将输出的特征集发送到分类模型中，该模型在机器学习算法的帮助下生成了以标签或词性标记信息形式呈现的输出。

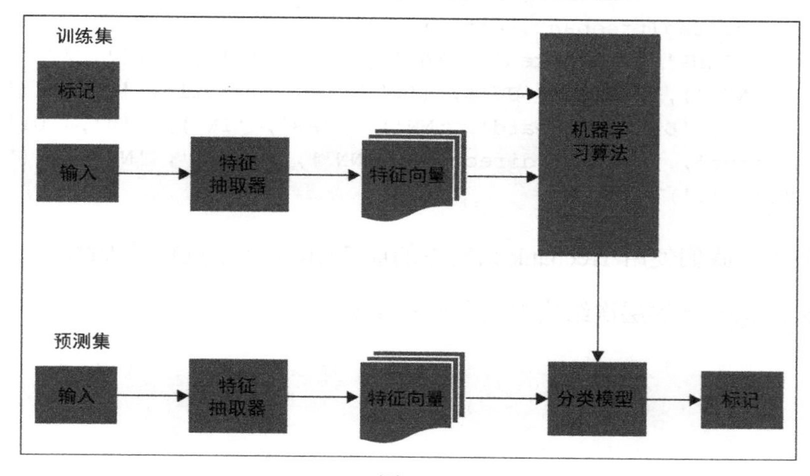

图 4-2

最大熵分类器通过搜索参数集以便最大化用于训练的语料库的整体似然性。

它可以定义如下：

```
P(features_word)=Σx|in|corpus P(label_word(x)|features_word(x))
P(label_word|features_word)=P(label_word, features_word)
/Σlabel_word P(label_word, features_word)
```

4.4 涉及 n-gram 的统计建模

一元语法意味着一个独立的单词，在一元语法标注器中，单个的标识符用于查找特定的词性标记。

可以通过在初始化标注器时提供一个句子的列表来执行 `UnigramTagger` 的训练。

让我们来看看下面在 NLTK 中用于执行 `UnigramTagger` 训练的代码：

```
>>> import nltk
>>> from nltk.tag import UnigramTagger
>>> from nltk.corpus import treebank
>>> training= treebank.tagged_sents()[:7000]
>>> unitagger=UnigramTagger(training)
>>> treebank.sents()[0]
['Pierre', 'Vinken', ',', '61', 'years', 'old', ',', 'will', 'join',
'the', 'board', 'as', 'a', 'nonexecutive', 'director', 'Nov.', '29',
'.']
>>> unitagger.tag(treebank.sents()[0])
[('Pierre', 'NNP'), ('Vinken', 'NNP'), (',', ','), ('61', 'CD'),
('years', 'NNS'), ('old', 'JJ'), (',', ','), ('will', 'MD'), ('join',
'VB'), ('the', 'DT'), ('board', 'NN'), ('as', 'IN'), ('a', 'DT'),
('nonexecutive', 'JJ'), ('director', 'NN'), ('Nov.', 'NNP'), ('29',
'CD'), ('.', '.')]
```

以上代码中，我们使用 Treebank 语料库的前 7000 个句子进行了训练。

`UnigramTagger` 的层次结构继承图如图 4-3 所示。

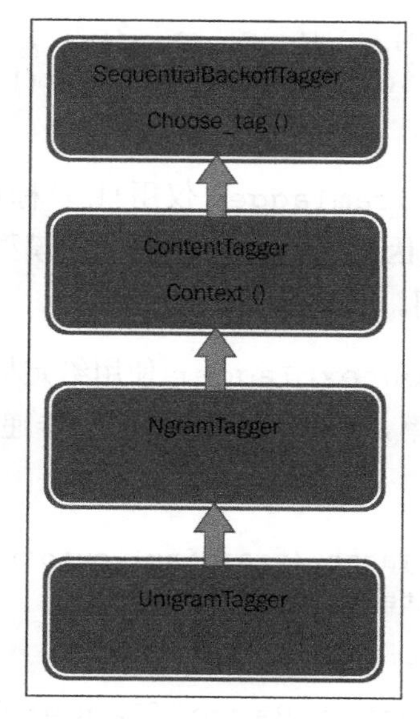

图 4-3

要评估 UnigramTagger，让我们来看看下面用于计算其准确性的代码：

```
>>> import nltk
>>> from nltk.corpus import treebank
>>> from nltk.tag import UnigramTagger
>>> training= treebank.tagged_sents()[:7000]
>>> unitagger=UnigramTagger(training)
>>> testing = treebank.tagged_sents()[2000:]
>>> unitagger.evaluate(testing)
0.963400866227395
```

因此，在正确地执行词性标注时，它的准确率为 96%。

既然 UnigramTagger 继承于 ContextTagger，那么我们可以用一个特定的标记映射上下文键。

考虑以下有关使用 UnigramTagger 进行词性标注的代码示例：

```
>>> import nltk
>>> from nltk.corpus import treebank
>>> from nltk.tag import UnigramTagger
>>> unitag = UnigramTagger(model={'Vinken': 'NN'})
>>> unitag.tag(treebank.sents()[0])
[('Pierre', None), ('Vinken', 'NN'), (',', None), ('61', None),
('years', None), ('old', None), (',', None), ('will', None), ('join',
```

```
None), ('the', None), ('board', None), ('as', None), ('a', None),
('nonexecutive', None), ('director', None), ('Nov.', None), ('29',
None), ('.', None)]
```

在以上代码中，这里的 UnigramTagger 仅用'NN'标记标注了'Vinken'，其余的用'None'标记进行了标注，这是因为我们已经在上下文模型中提供了单词'Vinken'的标记，并且该模型不包括其他单词。

在一个给定的上下文中，ContextTagger 使用给定标记的频率来决定最有可能出现的标记。为了使用最小阈值频率，我们可以将特定值传递到截止值。让我们来看看评估 UnigramTagger 的代码：

```
>>> unitagger = UnigramTagger(training, cutoff=5)
>>> unitagger.evaluate(testing)
0.7974218445306567
```

回退标注可以认为是 SequentialBackoffTagger 的一个特征。所有标注器被链接在一起，以便如果其中一个标注器不能标注标识符时，那么将使用下一个标注器来标注它。

让我们来看看下面使用了回退标注的代码。这里，DefaultTagger 和 UnigramTagger 用于标注一个标识符。如果它们中的任何一个都无法标注一个单词，那么可使用下一个标注器来标注这个单词：

```
>>> import nltk
>>> from nltk.tag import UnigramTagger
>>> from nltk.tag import DefaultTagger
>>> from nltk.corpus import treebank
>>> testing = treebank.tagged_sents()[2000:]
>>> training= treebank.tagged_sents()[:7000]
>>> tag1=DefaultTagger('NN')
>>> tag2=UnigramTagger(training,backoff=tag1)
>>> tag2.evaluate(testing)
0.963400866227395
```

NgramTagger 的子类是 UnigramTagger、BigramTagger 和 TrigramTagger。BigramTagger 使用前一个标记作为上下文信息，TrigramTagger 使用前两个标记作为上下文信息。

考虑下面的代码，这段代码展示了 BigramTagger 的实现：

```
>>> import nltk
>>> from nltk.tag import BigramTagger
```

```
>>> from nltk.corpus import treebank
>>> training_1= treebank.tagged_sents()[:7000]
>>> bigramtagger=BigramTagger(training_1)
>>> treebank.sents()[0]
['Pierre', 'Vinken', ',', '61', 'years', 'old', ',', 'will', 'join',
'the', 'board', 'as', 'a', 'nonexecutive', 'director', 'Nov.', '29',
'.']
>>> bigramtagger.tag(treebank.sents()[0])
[('Pierre', 'NNP'), ('Vinken', 'NNP'), (',', ','), ('61', 'CD'),
('years', 'NNS'), ('old', 'JJ'), (',', ','), ('will', 'MD'), ('join',
'VB'), ('the', 'DT'), ('board', 'NN'), ('as', 'IN'), ('a', 'DT'),
('nonexecutive', 'JJ'), ('director', 'NN'), ('Nov.', 'NNP'), ('29',
'CD'), ('.', '.')]
>>> testing_1 = treebank.tagged_sents()[2000:]
>>> bigramtagger.evaluate(testing_1)
0.922942709936983
```

让我们看看另一段有关 `BigramTagger` 和 `TrigramTagger` 的代码：

```
>>> import nltk
>>> from nltk.tag import BigramTagger, TrigramTagger
>>> from nltk.corpus import treebank
>>> testing = treebank.tagged_sents()[2000:]
>>> training= treebank.tagged_sents()[:7000]
>>> bigramtag = BigramTagger(training)
>>> bigramtag.evaluate(testing)
0.9190426339881356
>>> trigramtag = TrigramTagger(training)
>>> trigramtag.evaluate(testing)
0.9101956195989079
```

`NgramTagger` 也可以用于生成 n 大于 3 的标注器。让我们看看如下在 NLTK 中开发一个 `QuadgramTagger` 标注器的代码：

```
>>> import nltk
>>> from nltk.corpus import treebank
>>> from nltk import NgramTagger
>>> testing = treebank.tagged_sents()[2000:]
>>> training= treebank.tagged_sents()[:7000]
>>> quadgramtag = NgramTagger(4, training)
>>> quadgramtag.evaluate(testing)
0.9429767842847466
```

AffixTagger 也是一个 ContextTagger，它使用前缀或后缀作为上下文信息。

让我们来看看如下使用了 AffixTagger 的代码：

```
>>> import nltk
>>> from nltk.corpus import treebank
>>> from nltk.tag import AffixTagger
>>> testing = treebank.tagged_sents()[2000:]
>>> training= treebank.tagged_sents()[:7000]
>>> affixtag = AffixTagger(training)
>>> affixtag.evaluate(testing)
0.29043249789601167
```

让我们来看看下面有关学习和使用 4 个字符前缀的代码：

```
>>> import nltk
>>> from nltk.tag import AffixTagger
>>> from nltk.corpus import treebank
>>> testing = treebank.tagged_sents()[2000:]
>>> training= treebank.tagged_sents()[:7000]
>>> prefixtag = AffixTagger(training, affix_length=4)
>>> prefixtag.evaluate(testing)
0.21103516226368618
```

考虑如下有关学习和使用 3 个字符后缀的代码：

```
>>> import nltk
>>> from nltk.tag import AffixTagger
>>> from nltk.corpus import treebank
>>> testing = treebank.tagged_sents()[2000:]
>>> training= treebank.tagged_sents()[:7000]
>>> suffixtag = AffixTagger(training, affix_length=-3)
>>> suffixtag.evaluate(testing)
0.29043249789601167
```

考虑如下 NLTK 中的代码，它组合了许多回退链中的词缀标注器：

```
>>> import nltk
>>> from nltk.tag import AffixTagger
>>> from nltk.corpus import treebank
>>> testing = treebank.tagged_sents()[2000:]
>>> training= treebank.tagged_sents()[:7000]
>>> prefixtagger=AffixTagger(training,affix_length=4)
>>> prefixtagger.evaluate(testing)
0.21103516226368618
```

```
>>> prefixtagger3=AffixTagger(training,affix_
length=3,backoff=prefixtagger)
>>> prefixtagger3.evaluate(testing)
0.25906767658107027
>>> suffixtagger3=AffixTagger(training,affix_length=-
3,backoff=prefixtagger3)
>>> suffixtagger3.evaluate(testing)
0.2939630929654946
>>> suffixtagger4=AffixTagger(training,affix_length=-
4,backoff=suffixtagger3)
>>> suffixtagger4.evaluate(testing)
0.3316090892296324
```

TnT 代表的是 Trigrams n Tags。TnT 建立在二阶马尔科夫模型的基础之上，是一个基于统计的标注器。

让我们来看看 NLTK 中有关 TnT 的代码：

```
>>> import nltk
>>> from nltk.tag import tnt
>>> from nltk.corpus import treebank
>>> testing = treebank.tagged_sents()[2000:]
>>> training= treebank.tagged_sents()[:7000]
>>> tnt_tagger=tnt.TnT()
>>> tnt_tagger.train(training)
>>> tnt_tagger.evaluate(testing)
0.9882176652913768
```

TnT 从训练文本中计算了 ConditionalFreqDist 和 internalFreqDist。这些实例用于计算一元语法模型、二元语法模型和三元语法模型。为了选择最佳的标记，TnT 使用了 n 元语法模型。

考虑如下有关 DefaultTagger 的代码。在这段代码中，如果明确给出了未知标注器的值，那么 TRAINED 将被设置为 TRUE：

```
>>> import nltk
>>> from nltk.tag import DefaultTagger
>>> from nltk.tag import tnt
>>> from nltk.corpus import treebank
>>> testing = treebank.tagged_sents()[2000:]
>>> training= treebank.tagged_sents()[:7000]
>>> tnt_tagger=tnt.TnT()
>>> unknown=DefaultTagger('NN')
>>> tagger_tnt=tnt.TnT(unk=unknown,Trained=True)
```

```
>>> tnt_tagger.train(training)
>>> tnt_tagger.evaluate(testing)
0.988238192006897
```

4.5 使用词性标注语料库开发分块器

分块是一个可用于执行实体识别的过程。它用于分割和标记句中的多个标识符序列。

为了设计一个分块器，应该定义分块语法。分块语法包含了有关如何进行分块的规则。

让我们考虑如下通过构建分块规则来执行名词短语分块（*Noun Phrase Chunking*）的示例：

```
>>> import nltk
>>> sent=[("A","DT"),("wise", "JJ"), ("small", "JJ"),("girl", "NN"),
("of", "IN"), ("village", "N"), ("became", "VBD"), ("leader", "NN")]
>>> sent=[("A","DT"),("wise", "JJ"), ("small", "JJ"),("girl", "NN"),
("of", "IN"), ("village", "NN"), ("became", "VBD"), ("leader", "NN")]
>>> grammar = "NP: {<DT>?<JJ>*<NN><IN>?<NN>*}"
>>> find = nltk.RegexpParser(grammar)
>>> res = find.parse(sent)
>>> print(res)
(S
  (NP A/DT wise/JJ small/JJ girl/NN of/IN village/NN)
 became/VBD
  (NP leader/NN))
>>> res.draw()
```

生成了如图 4-4 所示的解析树。

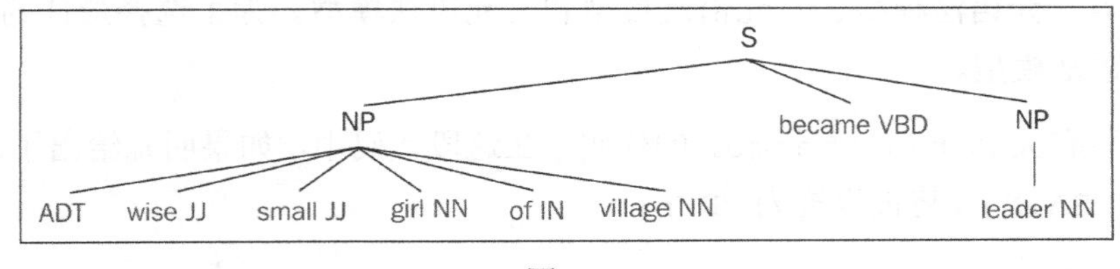

图 4-4

在这里，有关名词短语的语块规则被定义为由可选的 DT（限定词）、后跟任意数量的 JJ（形容词）、再跟一个 NN（名词）、可选的 IN（介词）以及任意数量的 NN 所组成。

考虑另一个用任意数量的名词构建的名词短语分块规则的示例：

```
>>> import nltk
>>> noun1=[("financial","NN"),("year","NN"),("account","NN"),("summar
```

```
y","NN")]
>>> gram="NP:{<NN>+}"
>>> find = nltk.RegexpParser(gram)
>>> print(find.parse(noun1))
(S (NP financial/NN year/NN account/NN summary/NN))
>>> x=find.parse(noun1)
>>> x.draw()
```

输出结果以解析树的形式如图 4-5 所示。

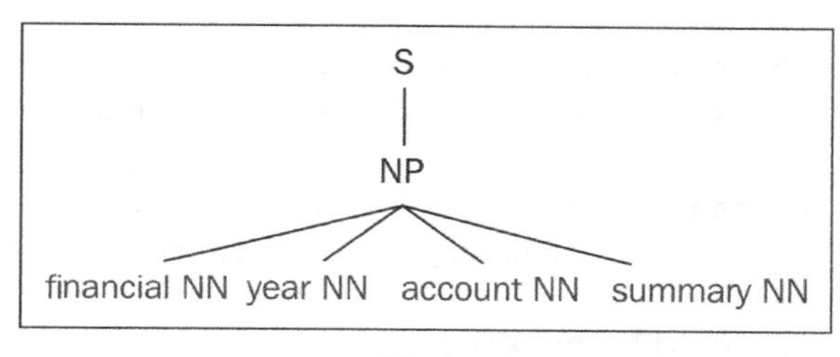

图 4-5

分块是语块的一部分被消除的过程。既可以使用整个语块，也可以使用语块中间的一部分并删除剩余的部分，或者也可以使用语块从开始或结尾截取的一部分并删除剩余的部分。

考虑在 NLTK 中有关 `UnigramChunker` 的代码，这段代码被开发用来执行分块和解析：

```
class UnigramChunker(nltk.ChunkParserI):
  def _init_(self,training):
    training_data=[[(x,y) for p,x,y in nltk.chunk.treeconlltags(sent)]
        for sent in training]
    self.tagger=nltk.UnigramTagger(training_data)
  def parsing(self,sent):
    postags=[pos1 for (word1,pos1) in sent]
    tagged_postags=self.tagger.tag(postags)
    chunk_tags=[chunking for (pos1,chunktag) in tagged_postags]
    conll_tags=[(word,pos1,chunktag) for ((word,pos1),chunktag)
        in zip(sent, chunk_tags)]
    return nltk.chunk.conlltaags2tree(conlltags)
```

考虑下面的代码，它可以用来评估分块器在训练之后的准确度：

```
import nltk.corpus, nltk.tag

def ubt_conll_chunk_accuracy(train_sents, test_sents):
    chunks_train =conll_tag_chunks(training)
    chunks_test =conll_tag_chunks(testing)
```

```
        chunker1 =nltk.tag.UnigramTagger(chunks_train)
        print 'u:', nltk.tag.accuracy(chunker1, chunks_test)

        chunker2 =nltk.tag.BigramTagger(chunks_train, backoff=chunker1)
        print 'ub:', nltk.tag.accuracy(chunker2, chunks_test)

        chunker3 =nltk.tag.TrigramTagger(chunks_train, backoff=chunker2)
        print 'ubt:', nltk.tag.accuracy(chunker3, chunks_test)

        chunker4 =nltk.tag.TrigramTagger(chunks_train, backoff=chunker1)
        print 'ut:', nltk.tag.accuracy(chunker4, chunks_test)

        chunker5 =nltk.tag.BigramTagger(chunks_train, backoff=chunker4)
        print 'utb:', nltk.tag.accuracy(chunker5, chunks_test)

    # accuracy test for conll chunking
    conll_train =nltk.corpus.conll2000.chunked_sents('train.txt')
    conll_test =nltk.corpus.conll2000.chunked_sents('test.txt')
    ubt_conll_chunk_accuracy(conll_train, conll_test)

    # accuracy test for treebank chunking
    treebank_sents =nltk.corpus.treebank_chunk.chunked_sents()
    ubt_conll_chunk_accuracy(treebank_sents[:2000], treebank_sents[2000:])
```

4.6 小结

在本章中，我们讨论了词性标注、各种不同的词性标注器以及用于词性标注的各种方法。此外你还学习了涉及 n-gram 的统计建模，并使用词性标记信息开发了一个分块器。

在下一章中，我们将讨论 Treebank 建设、CFG 建设以及各种不同的解析算法等。

第 5 章
语法解析：分析训练资料

语法解析（也被称作句法分析）是 NLP 中的任务之一。其被定义为一个检查用自然语言书写的字符序列是否合乎正式语法中所定义的规则的过程。它是一个将句子分解为单词或短语序列并为它们提供特定的成分类别（名词、动词、介词等）的过程。

本章将包含以下主题：

- Treebank 建设。
- 从 Treebank 提取上下文无关文法规则。
- 从 CFG 创建概率上下文无关文法。
- CYK 线图解析算法。
- Earley 线图解析算法。

5.1 语法解析简介

语法解析是 NLP 中涉及的步骤之一。它被定义为一个确定句中每个句子成分的词性类别并分析给定的句子是否合乎语法规则的过程。术语 *parsing* 是从拉丁语 *pars*（*oration is*）派生的，意为词性。考虑一个例子：*Ram bought a book*。这个句子在语法上是正确的。但是，如果我们换掉这个句子，用这样一个句子：*Book bought a Ram*，然后通过将语义信息添加到如此构建的解析树上，我们可以得出结论：尽管句子是语法正确的，但却是语义错误的。因此，生成解析树后还要对其添加含义。解析器是一个可以接受输入文本并构造解析树或句法树的软件。语法解析可分为两类：自顶向下的语法解析和自底向上的语法解析。在自顶向下的语法解析中，我们从起始符开始一直持续到单个的句子成分。一些自顶向下的解析器包括递归下降解析器（Recursive Descent Parser）、LL 解析器和 Earley 解析器。在自底向上的语法解析中，我们从单个的句子成分开始一直持续到起始符。一些自底向上的解析器包括运算符优先解析器（Operator-precedence parser）、简单优先解析器（Simple precedence parser）、简单 LR 解析器（Simple LR Parser）、LALR 解析器（LALR Parser）、规范 LR（LR(1)）解析器（Canonical LR (LR(1)) Parser）、GLR 解析器（GLR Parser）、CYK 或（CKY）解析器（CYK or(alternatively CKY) Parser）、递归提升解析器（Recursive ascent parser）和移位归约解析器（Shift-reduce parser）。

NLTK 中定义了 `nltk.parse.api.ParserI` 类。此类用于获取一个给定句子的解析或句法结构。解析器可用于获取句法结构、语篇结构和形态树。

线图分析法遵循动态规划方法。在此过程中，一旦获得了一些结果，这些结果就可以被视为中间结果，并且可以被重新使用以获得未来的结果。不像在自顶向下的解析法中，这里相同的任务不会一次又一次地执行。

5.2　Treebank 建设

`nltk.corpus.package` 包含许多 `corpus reader` 类，这些类可用于获取各种语料库的内容。

Treebank 语料库也可以通过 `nltk.corpus` 访问到。文件的标识符亦可以通过使用 `fileids()` 函数获取到：

```
>>> import nltk
>>> import nltk.corpus
>>> print(str(nltk.corpus.treebank).replace('\\\\','/'))
<BracketParseCorpusReader in 'C:/nltk_data/corpora/treebank/combined'>
>>> nltk.corpus.treebank.fileids()
['wsj_0001.mrg', 'wsj_0002.mrg', 'wsj_0003.mrg', 'wsj_0004.
mrg', 'wsj_0005.mrg', 'wsj_0006.mrg', 'wsj_0007.mrg', 'wsj_0008.
mrg', 'wsj_0009.mrg', 'wsj_0010.mrg', 'wsj_0011.mrg', 'wsj_0012.
mrg', 'wsj_0013.mrg', 'wsj_0014.mrg', 'wsj_0015.mrg', 'wsj_0016.
mrg', 'wsj_0017.mrg', 'wsj_0018.mrg', 'wsj_0019.mrg', 'wsj_0020.
mrg', 'wsj_0021.mrg', 'wsj_0022.mrg', 'wsj_0023.mrg', 'wsj_0024.
mrg', 'wsj_0025.mrg', 'wsj_0026.mrg', 'wsj_0027.mrg', 'wsj_0028.mrg',
'wsj_0029.mrg', 'wsj_0030.mrg', 'wsj_0031.mrg', 'wsj_0032.
mrg', 'wsj_0033.mrg', 'wsj_0034.mrg', 'wsj_0035.mrg', 'wsj_0036.
mrg', 'wsj_0037.mrg', 'wsj_0038.mrg', 'wsj_0039.mrg', 'wsj_0040.
mrg', 'wsj_0041.mrg', 'wsj_0042.mrg', 'wsj_0043.mrg', 'wsj_0044.
```

```
mrg', 'wsj_0045.mrg', 'wsj_0046.mrg', 'wsj_0047.mrg', 'wsj_0048.
mrg', 'wsj_0049.mrg', 'wsj_0050.mrg', 'wsj_0051.mrg', 'wsj_0052.
mrg', 'wsj_0053.mrg', 'wsj_0054.mrg', 'wsj_0055.mrg', 'wsj_0056.
mrg', 'wsj_0057.mrg', 'wsj_0058.mrg', 'wsj_0059.mrg', 'wsj_0060.
mrg', 'wsj_0061.mrg', 'wsj_0062.mrg', 'wsj_0063.mrg', 'wsj_0064.
mrg', 'wsj_0065.mrg', 'wsj_0066.mrg', 'wsj_0067.mrg', 'wsj_0068.
mrg', 'wsj_0069.mrg', 'wsj_0070.mrg', 'wsj_0071.mrg', 'wsj_0072.
mrg', 'wsj_0073.mrg', 'wsj_0074.mrg', 'wsj_0075.mrg', 'wsj_0076.
mrg', 'wsj_0077.mrg', 'wsj_0078.mrg', 'wsj_0079.mrg', 'wsj_0080.
mrg', 'wsj_0081.mrg', 'wsj_0082.mrg', 'wsj_0083.mrg', 'wsj_0084.
mrg', 'wsj_0085.mrg', 'wsj_0086.mrg', 'wsj_0087.mrg', 'wsj_0088.
mrg', 'wsj_0089.mrg', 'wsj_0090.mrg', 'wsj_0091.mrg', 'wsj_0092.
mrg', 'wsj_0093.mrg', 'wsj_0094.mrg', 'wsj_0095.mrg', 'wsj_0096.
mrg', 'wsj_0097.mrg', 'wsj_0098.mrg', 'wsj_0099.mrg', 'wsj_0100.
mrg', 'wsj_0101.mrg', 'wsj_0102.mrg', 'wsj_0103.mrg', 'wsj_0104.
mrg', 'wsj_0105.mrg', 'wsj_0106.mrg', 'wsj_0107.mrg', 'wsj_0108.
mrg', 'wsj_0109.mrg', 'wsj_0110.mrg', 'wsj_0111.mrg', 'wsj_0112.
mrg', 'wsj_0113.mrg', 'wsj_0114.mrg', 'wsj_0115.mrg', 'wsj_0116.
mrg', 'wsj_0117.mrg', 'wsj_0118.mrg', 'wsj_0119.mrg', 'wsj_0120.
mrg', 'wsj_0121.mrg', 'wsj_0122.mrg', 'wsj_0123.mrg', 'wsj_0124.
mrg', 'wsj_0125.mrg', 'wsj_0126.mrg', 'wsj_0127.mrg', 'wsj_0128.
mrg', 'wsj_0129.mrg', 'wsj_0130.mrg', 'wsj_0131.mrg', 'wsj_0132.
mrg', 'wsj_0133.mrg', 'wsj_0134.mrg', 'wsj_0135.mrg', 'wsj_0136.
mrg', 'wsj_0137.mrg', 'wsj_0138.mrg', 'wsj_0139.mrg', 'wsj_0140.
mrg', 'wsj_0141.mrg', 'wsj_0142.mrg', 'wsj_0143.mrg', 'wsj_0144.
mrg', 'wsj_0145.mrg', 'wsj_0146.mrg', 'wsj_0147.mrg', 'wsj_0148.
mrg', 'wsj_0149.mrg', 'wsj_0150.mrg', 'wsj_0151.mrg', 'wsj_0152.
mrg', 'wsj_0153.mrg', 'wsj_0154.mrg', 'wsj_0155.mrg', 'wsj_0156.
mrg', 'wsj_0157.mrg', 'wsj_0158.mrg', 'wsj_0159.mrg', 'wsj_0160.
mrg', 'wsj_0161.mrg', 'wsj_0162.mrg', 'wsj_0163.mrg', 'wsj_0164.
mrg', 'wsj_0165.mrg', 'wsj_0166.mrg', 'wsj_0167.mrg', 'wsj_0168.
mrg', 'wsj_0169.mrg', 'wsj_0170.mrg', 'wsj_0171.mrg', 'wsj_0172.
mrg', 'wsj_0173.mrg', 'wsj_0174.mrg', 'wsj_0175.mrg', 'wsj_0176.
mrg', 'wsj_0177.mrg', 'wsj_0178.mrg', 'wsj_0179.mrg', 'wsj_0180.
mrg', 'wsj_0181.mrg', 'wsj_0182.mrg', 'wsj_0183.mrg', 'wsj_0184.
mrg', 'wsj_0185.mrg', 'wsj_0186.mrg', 'wsj_0187.mrg', 'wsj_0188.
mrg', 'wsj_0189.mrg', 'wsj_0190.mrg', 'wsj_0191.mrg', 'wsj_0192.
mrg', 'wsj_0193.mrg', 'wsj_0194.mrg', 'wsj_0195.mrg', 'wsj_0196.mrg',
'wsj_0197.mrg', 'wsj_0198.mrg', 'wsj_0199.mrg']
>>> from nltk.corpus import treebank
>>> print(treebank.words('wsj_0007.mrg'))
['McDermott', 'International', 'Inc.', 'said', '0', ...]
>>> print(treebank.tagged_words('wsj_0007.mrg'))
[('McDermott', 'NNP'), ('International', 'NNP'), ...]
```

让我们来看看 NLTK 中有关访问 Penn Treebank 语料库的代码，它使用了语料库模块中的 Treebank 语料库阅读器（Treebank Corpus Reader）：

```
>>> import nltk
>>> from nltk.corpus import treebank
>>> print(treebank.parsed_sents('wsj_0007.mrg')[2])
(S
  (NP-SBJ
    (NP (NNP Bailey) (NNP Controls))
    (, ,)
    (VP
      (VBN based)
      (NP (-NONE- *))
      (PP-LOC-CLR
        (IN in)
        (NP (NP (NNP Wickliffe)) (, ,) (NP (NNP Ohio)))))
    (, ,))
  (VP
    (VBZ makes)
    (NP
      (JJ computerized)
      (JJ industrial)
      (NNS controls)
      (NNS systems)))
  (. .))

>>> import nltk
>>> from nltk.corpus import treebank_chunk
>>> treebank_chunk.chunked_sents()[1]
Tree('S', [Tree('NP', [('Mr.', 'NNP'), ('Vinken', 'NNP')]), ('is',
'VBZ'), Tree('NP', [('chairman', 'NN')]), ('of', 'IN'), Tree('NP',
[('Elsevier', 'NNP'), ('N.V.', 'NNP')]), (',', ','), Tree('NP',
[('the', 'DT'), ('Dutch', 'NNP'), ('publishing', 'VBG'), ('group',
'NN')]), ('.', '.')])
>>> treebank_chunk.chunked_sents()[1].draw()
```

以上代码获取了如图 5-1 所示的解析树。

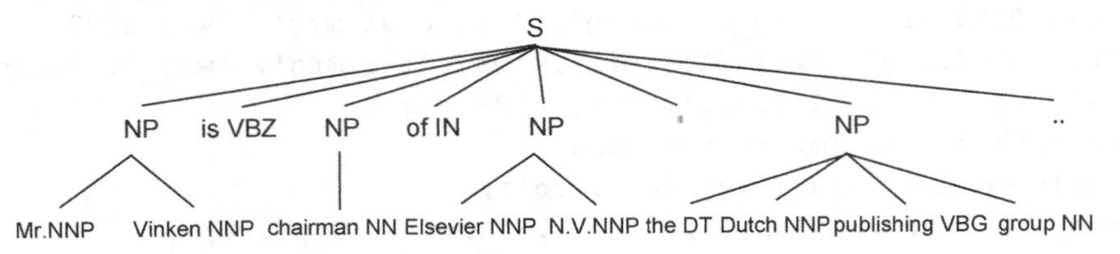

图 5-1

```
>>> import nltk
>>> from nltk.corpus import treebank_chunk
>>> treebank_chunk.chunked_sents()[1].leaves()
[('Mr.', 'NNP'), ('Vinken', 'NNP'), ('is', 'VBZ'), ('chairman',
'NN'), ('of', 'IN'), ('Elsevier', 'NNP'), ('N.V.', 'NNP'), (',', ','),
('the', 'DT'), ('Dutch', 'NNP'), ('publishing', 'VBG'), ('group',
'NN'), ('.', '.')]
>>> treebank_chunk.chunked_sents()[1].pos()
[(('Mr.', 'NNP'), 'NP'), (('Vinken', 'NNP'), 'NP'), (('is', 'VBZ'),
'S'), (('chairman', 'NN'), 'NP'), (('of', 'IN'), 'S'), (('Elsevier',
'NNP'), 'NP'), (('N.V.', 'NNP'), 'NP'), ((',', ','), 'S'), (('the',
'DT'), 'NP'), (('Dutch', 'NNP'), 'NP'), (('publishing', 'VBG'), 'NP'),
(('group', 'NN'), 'NP'), (('.', '.'), 'S')]
>>> treebank_chunk.chunked_sents()[1].productions()
[S -> NP ('is', 'VBZ') NP ('of', 'IN') NP (',', ',') NP ('.', '.'),
NP -> ('Mr.', 'NNP') ('Vinken', 'NNP'), NP -> ('chairman', 'NN'), NP
-> ('Elsevier', 'NNP') ('N.V.', 'NNP'), NP -> ('the', 'DT') ('Dutch',
'NNP') ('publishing', 'VBG') ('group', 'NN')]
```

tagged_words()方法包含了词性注释：

```
>>> nltk.corpus.treebank.tagged_words()
[('Pierre', 'NNP'), ('Vinken', 'NNP'), (',', ','), ...]
```

Penn Treebank 语料库中所用的标记类型及这些标记的数量展示如下：

#	16
$	724
''	
,	4886
-LRB-	120
-NONE-	6592
-RRB-	126
.	384
:	563
``	712
CC	2265
CD	3546
DT	8165

EX	88
FW	4
IN	9857
JJ	5834
JJR	381
JJS	182
LS	13
MD	927
NN	13166
NNP	9410
NNPS	244
NNS	6047
PDT	27
POS	824
PRP	1716
PRP$	766
RB	2822
RBR	136
RBS	35
RP	216
SYM	1
TO	2179
UH	3
VB	2554
VBD	3043
VBG	1460
VBN	2134
VBP	1321
VBZ	2125
WDT	445
WP	241
WP$	14

从以下代码可以获取到标签及其频率：

```
>>> import nltk
>>> from nltk.probability import FreqDist
>>> from nltk.corpus import treebank
>>> fd = FreqDist()
>>> fd.items()
dict_items([])
```

上面的代码获取了 Treebank 语料库中的标记列表以及每个标记的频率。

让我们来看看 NLTK 中有关访问 Sinica Treebank 语料库的代码：

```
>>> import nltk
>>> from nltk.corpus import sinica_treebank
>>> print(sinica_treebank.sents())
[['一'], ['友情'], ['嘉珍', '和', '我', '住在', '同一条', '巷子'], ...]
>>> sinica_treebank.parsed_sents()[27]
Tree('S', [Tree('NP', [Tree('NP', [Tree('N•的', [Tree('Nhaa', ['我']),
Tree('DE', ['的'])]), Tree('Ncb', ['脑海'])]), Tree('Ncda', ['中'])]),
Tree('Dd', ['顿时']), Tree('DM', ['一片']), Tree('VH11', ['空白'])])
```

5.3 从 Treebank 提取上下文无关文法规则

上下文无关文法（Context-free Grammar，CFG）是在 1957 年由 Noam Chomsky 为自然语言定义的。一个 CFG 由以下部分组成：

- 非终结符的有限集合（N）。
- 终结符的有限集合（T）。
- 开始符号（S）。
- 产生式的有限集合（P），形如：A→**a**。

CFG 规则有两种类型：短语结构规则和句子结构规则。

短语结构规则可以定义如下：A→a，其中 AÎN 和 a 由终结符和非终结符组成。

在句子级别的 CFG 构建中，有如下四种结构：

- 陈述结构：处理陈述句（主语后面跟着谓语）。
- 祈使结构：处理祈使句，命令或建议（句子以动词短语开头，没有主语）。

- 一般疑问结构：处理疑问句。这些问句的答案是 *yes* 或 *no*。
- 特殊疑问结构：处理疑问句。以特殊疑问词（Who, What, How, When, Where, Why, Which）开头的问句。

常用的 CFG 规则总结如下：

- S→NP VP
- S→VP
- S→Aux NP VP
- S→Wh-NP VP
- S→Wh-NP Aux NP VP
- NP→(Det) (AP) Nom (PP)
- VP→Verb (NP) (NP) (PP)*
- VP→Verb S
- PP→Prep (NP)
- AP→(Adv) Adj (PP)

考虑一个描述了在 NLTK 中使用上下文无关文法规则的例子：

```
>>> import nltk
>>> from nltk import Nonterminal, nonterminals, Production, CFG
>>> nonterminal1 = Nonterminal('NP')
>>> nonterminal2 = Nonterminal('VP')
>>> nonterminal3 = Nonterminal('PP')
>>> nonterminal1.symbol()
'NP'
>>> nonterminal2.symbol()
'VP'
>>> nonterminal3.symbol()
'PP'
>>> nonterminal1==nonterminal2
False
>>> nonterminal2==nonterminal3
False
>>> nonterminal1==nonterminal3
False
>>> S, NP, VP, PP = nonterminals('S, NP, VP, PP')
```

```
>>> N, V, P, DT = nonterminals('N, V, P, DT')
>>> production1 = Production(S, [NP, VP])
>>> production2 = Production(NP, [DT, NP])
>>> production3 = Production(VP, [V, NP,NP,PP])
>>> production1.lhs()
S
>>> production1.rhs()
(NP, VP)
>>> production3.lhs()
VP
>>> production3.rhs()
(V, NP, NP, PP)
>>> production3 == Production(VP, [V,NP,NP,PP])
True
>>> production2 == production3
False
```

在 NLTK 中用于访问 ATIS 语法的示例如下：

```
>>> import nltk
>>> gram1 = nltk.data.load('grammars/large_grammars/atis.cfg')
>>> gram1
<Grammar with 5517 productions>
```

从 ATIS 提取测试句子的示例如下：

```
>>> import nltk
>>> sent = nltk.data.load('grammars/large_grammars/atis_sentences.
txt')
>>> sent = nltk.parse.util.extract_test_sentences(sent)
>>> len(sent)
98
>>> testingsent=sent[25]
>>> testingsent[1]
11
>>> testingsent[0]
['list', 'those', 'flights', 'that', 'stop', 'over', 'in', 'salt',
'lake', 'city', '.']
>>> sent=testingsent[0]
```

自底向上的语法解析：

```
>>> import nltk
>>> gram1 = nltk.data.load('grammars/large_grammars/atis.cfg')
```

```
>>> sent = nltk.data.load('grammars/large_grammars/atis_sentences.
txt')
>>> sent = nltk.parse.util.extract_test_sentences(sent)
>>> testingsent=sent[25]
>>> sent=testingsent[0]
>>> parser1 = nltk.parse.BottomUpChartParser(gram1)
>>> chart1 = parser1.chart_parse(sent)
>>> print((chart1.num_edges()))
13454
>>> print((len(list(chart1.parses(gram1.start())))))
11
```

自底向上，左角（Left Corner）语法解析：

```
>>> import nltk
>>> gram1 = nltk.data.load('grammars/large_grammars/atis.cfg')
>>> sent = nltk.data.load('grammars/large_grammars/atis_sentences.
txt')
>>> sent = nltk.parse.util.extract_test_sentences(sent)
>>> testingsent=sent[25]
>>> sent=testingsent[0]
>>> parser2 = nltk.parse.BottomUpLeftCornerChartParser(gram1)
>>> chart2 = parser2.chart_parse(sent)
>>> print((chart2.num_edges()))
8781
>>> print((len(list(chart2.parses(gram1.start())))))
11
```

使用了自底向上过滤器的左角语法解析：

```
>>> import nltk
>>> gram1 = nltk.data.load('grammars/large_grammars/atis.cfg')
>>> sent = nltk.data.load('grammars/large_grammars/atis_sentences.
txt')
>>> sent = nltk.parse.util.extract_test_sentences(sent)
>>> testingsent=sent[25]
>>> sent=testingsent[0]
>>> parser3 = nltk.parse.LeftCornerChartParser(gram1)
>>> chart3 = parser3.chart_parse(sent)
>>> print((chart3.num_edges()))
1280
>>> print((len(list(chart3.parses(gram1.start())))))
11
```

自顶向下的语法解析：

```
>>> import nltk
>>> gram1 = nltk.data.load('grammars/large_grammars/atis.cfg')
>>> sent = nltk.data.load('grammars/large_grammars/atis_sentences.
txt')
>>> sent = nltk.parse.util.extract_test_sentences(sent)
>>> testingsent=sent[25]
>>> sent=testingsent[0]
>>> parser4 = nltk.parse.TopDownChartParser(gram1)
>>> chart4 = parser4.chart_parse(sent)
>>> print((chart4.num_edges()))
37763
>>> print((len(list(chart4.parses(gram1.start())))))
11
```

增量式自底向上语法解析：

```
>>> import nltk
>>> gram1 = nltk.data.load('grammars/large_grammars/atis.cfg')
>>> sent = nltk.data.load('grammars/large_grammars/atis_sentences.
txt')
>>> sent = nltk.parse.util.extract_test_sentences(sent)
>>> testingsent=sent[25]
>>> sent=testingsent[0]
>>> parser5 = nltk.parse.IncrementalBottomUpChartParser(gram1)
>>> chart5 = parser5.chart_parse(sent)
>>> print((chart5.num_edges()))
13454
>>> print((len(list(chart5.parses(gram1.start())))))
11
```

增量式自底向上、左角语法解析：

```
>>> import nltk
>>> gram1 = nltk.data.load('grammars/large_grammars/atis.cfg')
>>> sent = nltk.data.load('grammars/large_grammars/atis_sentences.
txt')
>>> sent = nltk.parse.util.extract_test_sentences(sent)
>>> testingsent=sent[25]
>>> sent=testingsent[0]
>>> parser6 = nltk.parse.IncrementalBottomUpLeftCornerChartParser(gr
am1)
```

```
>>> chart6 = parser6.chart_parse(sent)
>>> print((chart6.num_edges()))
8781
>>> print((len(list(chart6.parses(gram1.start())))))
11
```

使用了自底向上过滤器的增量式左角语法解析：

```
>>> import nltk
>>> gram1 = nltk.data.load('grammars/large_grammars/atis.cfg')
>>> sent = nltk.data.load('grammars/large_grammars/atis_sentences.
txt')
>>> sent = nltk.parse.util.extract_test_sentences(sent)
>>> testingsent=sent[25]
>>> sent=testingsent[0]
>>> parser7 = nltk.parse.IncrementalLeftCornerChartParser(gram1)
>>> chart7 = parser7.chart_parse(sent)
>>> print((chart7.num_edges()))
1280
>>> print((len(list(chart7.parses(gram1.start())))))
11
```

增量式自顶向下语法解析：

```
>>> import nltk
>>> gram1 = nltk.data.load('grammars/large_grammars/atis.cfg')
>>> sent = nltk.data.load('grammars/large_grammars/atis_sentences.
txt')
>>> sent = nltk.parse.util.extract_test_sentences(sent)
>>> testingsent=sent[25]
>>> sent=testingsent[0]
>>> parser8 = nltk.parse.IncrementalTopDownChartParser(gram1)
>>> chart8 = parser8.chart_parse(sent)
>>> print((chart8.num_edges()))
37763
>>> print((len(list(chart8.parses(gram1.start())))))
11
```

Earley 语法解析：

```
>>> import nltk
>>> gram1 = nltk.data.load('grammars/large_grammars/atis.cfg')
>>> sent = nltk.data.load('grammars/large_grammars/atis_sentences.
txt')
```

```
>>> sent = nltk.parse.util.extract_test_sentences(sent)
>>> testingsent=sent[25]
>>> sent=testingsent[0]
>>> parser9 = nltk.parse.EarleyChartParser(gram1)
>>> chart9 = parser9.chart_parse(sent)
>>> print((chart9.num_edges()))
37763
>>> print((len(list(chart9.parses(gram1.start())))))
11
```

5.4 从 CFG 创建概率上下文无关文法

在概率上下文无关文法（Probabilistic Context-free Grammar，PCFG）中，概率被附加到 CFG 中呈现的所有产生式中，这些概率之和为 1。它生成与 CFG 相同的解析结构，但是也为每个解析树分配了一个概率。解析树的概率是在构建树的过程中用到的所有产生式概率的乘积。

让我们来看看以下有关 NLTK 的代码，这段代码说明了 PCFG 中的规则信息：

```
>>> import nltk
>>> from nltk.corpus import treebank
>>> from itertools import islice
>>> from nltk.grammar import PCFG, induce_pcfg, toy_pcfg1, toy_pcfg2
>>> gram2 = PCFG.from string("""
A -> B B [.3] | C B C [.7]
B -> B D [.5] | C [.5]
C -> 'a' [.1] | 'b' [0.9]
D -> 'b' [1.0]
""")
>>> prod1 = gram2.productions()[0]
>>> prod1
A -> B B [0.3]
>>> prod2 = gram2.productions()[1]
>>> prod2
A -> C B C [0.7]
>>> prod2.lhs()
A
>>> prod2.rhs()
(C, B, C)
>>> print((prod2.prob()))
0.7
```

```
>>> gram2.start()
A
>>> gram2.productions()
[A -> B B [0.3], A -> C B C [0.7], B -> B D [0.5], B -> C [0.5], C ->
'a' [0.1], C -> 'b' [0.9], D -> 'b' [1.0]]
```

我们来看看 NLTK 中用于说明概率分布图解析的代码：

```
>>> import nltk
>>> from nltk.corpus import treebank
>>> from itertools import islice
>>> from nltk.grammar import PCFG, induce_pcfg, toy_pcfg1, toy_pcfg2
>>> tokens = "Jack told Bob to bring my cookie".split()
>>> grammar = toy_pcfg2
>>> print(grammar)
Grammar with 23 productions (start state = S)
    S -> NP VP [1.0]
    VP -> V NP [0.59]
    VP -> V [0.4]
    VP -> VP PP [0.01]
    NP -> Det N [0.41]
    NP -> Name [0.28]
    NP -> NP PP [0.31]
    PP -> P NP [1.0]
    V -> 'saw' [0.21]
    V -> 'ate' [0.51]
    V -> 'ran' [0.28]
    N -> 'boy' [0.11]
    N -> 'cookie' [0.12]
    N -> 'table' [0.13]
    N -> 'telescope' [0.14]
    N -> 'hill' [0.5]
    Name -> 'Jack' [0.52]
    Name -> 'Bob' [0.48]
    P -> 'with' [0.61]
    P -> 'under' [0.39]
    Det -> 'the' [0.41]
    Det -> 'a' [0.31]
    Det -> 'my' [0.28]
```

5.5 CYK 线图解析算法

递归下降解析的缺点是它会导致左递归问题并且非常复杂，所以引入了 CYK 线图解析。CYK 线图解析使用动态规划方法，是最简单的线图解析算法之一。CYK 算法构建线图的时间复杂度为 O（n3）。CYK 和 Earley 都是自底向上的线图解析算法。但是，当构建了无效的解析时，Earley 算法也使用自顶向下的预测。

考虑如下有关 CYK 线图解析的代码：

```
tok = ["the", "kids", "opened", "the", "box", "on", "the", "floor"]
gram = nltk.parse_cfg("""
S -> NP VP
NP -> Det N | NP PP
VP -> V NP | VP PP
PP -> P NP
Det -> 'the'
N -> 'kids' | 'box' | 'floor'
V -> 'opened' P -> 'on'
""")
```

考虑如下用于构建初始化线图的代码：

```
def init_nfst(tok, gram):
numtokens1 = len(tok)
 # fill w/ dots
nfst = [["." for i in range(numtokens1+1)] !!!!!!! for j in
range(numtokens1+1)]
# fill in diagonal
for i in range(numtokens1):
prod= gram.productions(rhs=tok[i])
nfst[i][i+1] = prod[0].lhs()
return nfst
```

考虑如下用于填充线图的代码：

```
def complete_nfst(nfst, tok, trace=False):
index1 = {} for prod in gram.productions():
#make lookup reverse
index1[prod.rhs()] = prod.lhs()
numtokens1 = len(tok) for span in range(2, numtokens1+1):
for start in range(numtokens1+1-span):
#go down towards diagonal
end1 = start1 + span for mid in range(start1+1, end1):
nt1, nt2 = nfst[start1][mid1], nfst[mid1][end1]
```

```
if (nt1,nt2) in index1:
if trace:
print "[%s] %3s [%s] %3s [%s] ==> [%s] %3s [%s]" % \ (start, nt1,mid1, nt2,
end1, start1, index[(nt1,nt2)], end)
nfst[start1][end1] =
index[(nt1,nt2)]
return nfst
```

下面是在 Python 中用于构建显示线图的代码：

```
def display(wfst, tok):
print '\nWFST ' + ' '.join([("%-4d" % i) for i in range(1,
len(wfst))])
for i in range(len(wfst)-1):
print "%d " % i,
for j in range(1, len(wfst)):
print "%-4s" % wfst[i][j],
print
```

以下代码用于获取输出结果：

```
tok = ["the", "kids", "opened", "the", "box", "on", "the", "floor"]
res1 = init_wfst(tok, gram)
display(res1, tok)
res2 = complete_wfst(res1,tok)
display(res2, tok)
```

5.6 Earley 线图解析算法

Earley 算法由 Earley 于 1970 年提出。该算法类似于自顶向下的语句解析。它可以处理左递归问题，并且不需要 CNF（乔姆斯基范式）转化。Earley 算法以从左到右的方式填充线图。

考虑一个展示了用 Earley 线图解析器来进行语法解析的示例：

```
>>> import nltk
>>> nltk.parse.earleychart.demo(print_times=False, trace=1,sent='I saw
a dog', numparses=2)
* Sentence:
I saw a dog
['I', 'saw', 'a', 'dog']

|.   I    .   saw   .   a    .   dog   .|
|[---------]         .         .         .| [0:1] 'I'
|.         [---------]         .         .| [1:2] 'saw'
```

```
|.         .         [---------]         .| [2:3] 'a'
|.         .         .         [---------]| [3:4] 'dog'
|>         .         .         .         .| [0:0] S -> * NP VP
|>         .         .         .         .| [0:0] NP -> * NP PP
|>         .         .         .         .| [0:0] NP -> * Det Noun
|>         .         .         .         .| [0:0] NP -> * 'I'
|[---------]         .         .         .| [0:1] NP -> 'I' *
|[--------->         .         .         .| [0:1] S -> NP * VP
|[--------->         .         .         .| [0:1] NP -> NP * PP
|.         >         .         .         .| [1:1] VP -> * VP PP
|.         >         .         .         .| [1:1] VP -> * Verb NP
|.         >         .         .         .| [1:1] VP -> * Verb
|.         >         .         .         .| [1:1] Verb -> * 'saw'
|.         [---------]         .         .| [1:2] Verb -> 'saw' *
|.         [--------->         .         .| [1:2] VP -> Verb * NP
|.         [---------]         .         .| [1:2] VP -> Verb *
|[-------------------]         .         .| [0:2] S -> NP VP *
|.         [--------->         .         .| [1:2] VP -> VP * PP
|.         .         >         .         .| [2:2] NP -> * NP PP
|.         .         >         .         .| [2:2] NP -> * Det Noun
|.         .         >         .         .| [2:2] Det -> * 'a'
|.         .         [---------]         .| [2:3] Det -> 'a' *
|.         .         [--------->         .| [2:3] NP -> Det * Noun
|.         .         .         >         .| [3:3] Noun -> * 'dog'
|.         .         .         [---------]| [3:4] Noun -> 'dog' *
|.         .         [-------------------]| [2:4] NP -> Det Noun *
|.         [-----------------------------]| [1:4] VP -> Verb NP *
|.         .         [------------------->| [2:4] NP -> NP * PP
|[=======================================]| [0:4] S -> NP VP *
|.         [----------------------------->| [1:4] VP -> VP * PP
```

考虑一个使用 NLTK 中的线图解析器来进行语法解析的示例：

```
>>> import nltk
>>> nltk.parse.chart.demo(2, print_times=False, trace=1,sent='John saw
a dog', numparses=1)
* Sentence:
John saw a dog
['John', 'saw', 'a', 'dog']

* Strategy: Bottom-up

|.   John  .   saw   .    a    .   dog   .|
```

```
|[---------]         .         .         .| [0:1] 'John'
|.         [---------]         .         .| [1:2] 'saw'
|.         .         [---------]         .| [2:3] 'a'
|.         .         .         [---------]| [3:4] 'dog'
|>         .         .         .         .| [0:0] NP -> * 'John'
|[---------]         .         .         .| [0:1] NP -> 'John' *
|>         .         .         .         .| [0:0] S  -> * NP VP
|>         .         .         .         .| [0:0] NP -> * NP PP
|[--------->         .         .         .| [0:1] S  -> NP * VP
|[--------->         .         .         .| [0:1] NP -> NP * PP
|.         >         .         .         .| [1:1] Verb -> * 'saw'
|.         [---------]         .         .| [1:2] Verb -> 'saw' *
|.         >         .         .         .| [1:1] VP -> * Verb NP
|.         >         .         .         .| [1:1] VP -> * Verb
|.         [--------->         .         .| [1:2] VP -> Verb * NP
|.         [---------]         .         .| [1:2] VP -> Verb *
|.         >         .         .         .| [1:1] VP -> * VP PP
|[-------------------]         .         .| [0:2] S  -> NP VP *
|.         [--------->         .         .| [1:2] VP -> VP * PP
|.         .         >         .         .| [2:2] Det -> * 'a'
|.         .         [---------]         .| [2:3] Det -> 'a' *
|.         .         >         .         .| [2:2] NP -> * Det Noun
|.         .         [--------->         .| [2:3] NP -> Det * Noun
|.         .         .         >         .| [3:3] Noun -> * 'dog'
|.         .         .         [---------]| [3:4] Noun -> 'dog' *
|.         .         [-------------------]| [2:4] NP -> Det Noun *
|.         .         >         .         .| [2:2] S  -> * NP VP
|.         .         >         .         .| [2:2] NP -> * NP PP
|.         [-----------------------------]| [1:4] VP -> Verb NP *
|.         .         [------------------->| [2:4] S  -> NP * VP
|.         .         [------------------->| [2:4] NP -> NP * PP
|[=======================================]| [0:4] S  -> NP VP *
|.         [----------------------------->| [1:4] VP -> VP * PP
Nr edges in chart: 33
(S (NP John) (VP (Verb saw) (NP (Det a) (Noun dog))))
```

考虑一个使用了NLTK中的Stepping线图解析器来进行语法解析的示例：

```
>>> import nltk
>>> nltk.parse.chart.demo(5, print_times=False, trace=1,sent='John saw
a dog', numparses=2)
* Sentence:
John saw a dog
['John', 'saw', 'a', 'dog']
```

```
* Strategy: Stepping (top-down vs bottom-up)

*** SWITCH TO TOP DOWN
|[---------]         .         .         .| [0:1] 'John'
|.         [---------]         .         .| [1:2] 'saw'
|.         .         [---------]         .| [2:3] 'a'
|.         .         .         [---------]| [3:4] 'dog'
|>         .         .         .         .| [0:0] S -> * NP VP
|>         .         .         .         .| [0:0] NP -> * NP PP
|>         .         .         .         .| [0:0] NP -> * Det Noun
|>         .         .         .         .| [0:0] NP -> * 'John'
|[---------]         .         .         .| [0:1] NP -> 'John' *
|[--------->         .         .         .| [0:1] S -> NP * VP
|[--------->         .         .         .| [0:1] NP -> NP * PP
|.         >         .         .         .| [1:1] VP -> * VP PP
|.         >         .         .         .| [1:1] VP -> * Verb NP
|.         >         .         .         .| [1:1] VP -> * Verb
|.         >         .         .         .| [1:1] Verb -> * 'saw'
|.         [---------]         .         .| [1:2] Verb -> 'saw' *
|.         [--------->         .         .| [1:2] VP -> Verb * NP
|.         [---------]         .         .| [1:2] VP -> Verb *
|[-------------------]         .         .| [0:2] S -> NP VP *
|.         [--------->         .         .| [1:2] VP -> VP * PP
|.         .         >         .         .| [2:2] NP -> * NP PP
|.         .         >         .         .| [2:2] NP -> * Det Noun
*** SWITCH TO BOTTOM UP
|.         .         >         .         .| [2:2] Det -> * 'a'
|.         .         .         >         .| [3:3] Noun -> * 'dog'
|.         .         [---------]         .| [2:3] Det -> 'a' *
|.         .         .         [---------]| [3:4] Noun -> 'dog' *
|.         .         [--------->         .| [2:3] NP -> Det * Noun
|.         .         [-------------------]| [2:4] NP -> Det Noun *
|.         [-----------------------------]| [1:4] VP -> Verb NP *
|.         .         [------------------->| [2:4] NP -> NP * PP
|[=======================================]| [0:4] S -> NP VP *
|.         [----------------------------->| [1:4] VP -> VP * PP
|.         .         >         .         .| [2:2] S -> * NP VP
|.         .         [------------------->| [2:4] S -> NP * VP
*** SWITCH TO TOP DOWN
|.         .         .         .         >| [4:4] VP -> * VP PP
|.         .         .         .         >| [4:4] VP -> * Verb NP
|.         .         .         .         >| [4:4] VP -> * Verb
```

```
*** SWITCH TO BOTTOM UP
*** SWITCH TO TOP DOWN
*** SWITCH TO BOTTOM UP
*** SWITCH TO TOP DOWN
*** SWITCH TO BOTTOM UP
*** SWITCH TO TOP DOWN
*** SWITCH TO BOTTOM UP
Nr edges in chart: 37
```

让我们来看看 NLTK 中有关 Feature 线图解析的代码：

```
>>> import nltk
>>> nltk.parse.featurechart.demo(print_times=False,print_
grammar=True,parser=nltk.parse.featurechart.FeatureChartParser,sent='I
saw a dog')

Grammar with 18 productions (start state = S[])
    S[] -> NP[] VP[]
    PP[] -> Prep[] NP[]
    NP[] -> NP[] PP[]
    VP[] -> VP[] PP[]
    VP[] -> Verb[] NP[]
    VP[] -> Verb[]
    NP[] -> Det[pl=?x] Noun[pl=?x]
    NP[] -> 'John'
    NP[] -> 'I'
    Det[] -> 'the'
    Det[] -> 'my'
    Det[-pl] -> 'a'
    Noun[-pl] -> 'dog'
    Noun[-pl] -> 'cookie'
    Verb[] -> 'ate'
    Verb[] -> 'saw'
    Prep[] -> 'with'
    Prep[] -> 'under'

* FeatureChartParser
Sentence: I saw a dog
|. I .saw. a .dog.|
|[---]   .   .   .| [0:1] 'I'
|.   [---]   .   .| [1:2] 'saw'
|.   .   [---]   .| [2:3] 'a'
|.   .   .   [---]| [3:4] 'dog'
```

```
|[---]    .    .    .| [0:1] NP[] -> 'I' *
|[--->    .    .    .| [0:1] S[] -> NP[] * VP[] {}
|[--->    .    .    .| [0:1] NP[] -> NP[] * PP[] {}
|.    [---]    .    .| [1:2] Verb[] -> 'saw' *
|.    [--->    .    .| [1:2] VP[] -> Verb[] * NP[] {}
|.    [---]    .    .| [1:2] VP[] -> Verb[] *
|.    [--->    .    .| [1:2] VP[] -> VP[] * PP[] {}
|[-------]    .    .| [0:2] S[] -> NP[] VP[] *
|.    .    [---]    .| [2:3] Det[-pl] -> 'a' *
|.    .    [--->    .| [2:3] NP[] -> Det[pl=?x] * Noun[pl=?x] {?x: False}
|.    .    .    [---]| [3:4] Noun[-pl] -> 'dog' *
|.    .    [-------]| [2:4] NP[] -> Det[-pl] Noun[-pl] *
|.    .    [------->| [2:4] S[] -> NP[] * VP[] {}
|.    .    [------->| [2:4] NP[] -> NP[] * PP[] {}
|.    [-----------]| [1:4] VP[] -> Verb[] NP[] *
|.    [----------->| [1:4] VP[] -> VP[] * PP[] {}
|[===============]| [0:4] S[] -> NP[] VP[] *
(S[]
  (NP[] I)
  (VP[] (Verb[] saw) (NP[] (Det[-pl] a) (Noun[-pl] dog))))
```

如下是 NLTK 中用于实现 Earley 算法的代码：

```
def demo(print_times=True, print_grammar=False,
         print_trees=True, trace=2,
         sent='I saw John with a dog with my cookie', numparses=5):
    """
    A demonstration of the Earley parsers.
    """
    import sys, time
    from nltk.parse.chart import demo_grammar

    # The grammar for ChartParser and SteppingChartParser:
    grammar = demo_grammar()
    if print_grammar:
        print("* Grammar")
        print(grammar)

    # Tokenize the sample sentence.
    print("* Sentence:")
    print(sent)
    tokens = sent.split()
    print(tokens)
```

```
    print()

    # Do the parsing.
    earley = EarleyChartParser(grammar, trace=trace)
    t = time.clock()
    chart = earley.chart_parse(tokens)
    parses = list(chart.parses(grammar.start()))
    t = time.clock()-t

    # Print results.
    if numparses:
        assert len(parses)==numparses, 'Not all parses found'
    if print_trees:
        for tree in parses: print(tree)
    else:
        print("Nr trees:", len(parses))
    if print_times:
        print("Time:", t)

if __name__ == '__main__': demo()
```

5.7 小结

在本章中，我们讨论了语法解析，Treebank 语料库的访问，以及上下文无关文法、概率上下文无关文法、CYK 算法和 Earley 算法等的实现。因此在本章中，我们讨论的是 NLP 的句法分析阶段。

在下一章中，我们将讨论语义分析，这是 NLP 的另一个阶段。我们将讨论使用各种不同方法的 NER，并获取用于执行消歧任务的各种方法。

第 6 章 语义分析：意义很重要

语义分析（或者叫意义生成）是 NLP 中的任务之一。它被定义为确定字符或单词序列意义的过程，其可用于执行语义消歧任务。

本章将包含以下主题：

- NER。
- 使用 HMM 的 NER 系统。
- 使用机器学习工具包训练 NER。
- 使用词性标注执行 NER。
- 使用 Wordnet 生成同义词集 id。
- 使用 Wordnet 进行词义消歧。

6.1 语义分析简介

NLP 指的是在自然语言上执行计算。语义分析是处理自然语言时需要执行的步骤之一。在分析一个给定的句子时，如果已经构建了句子的句法结构，那么这个句子的语义分析就算完成了。语义解释指的是将意义分配给句子，上下文解释指的是将逻辑形式分配给知识表示。语义分析的原语或基本单位被称为意义或语义（meaning 或 sense）。ELIZA 是处理语义的工具之一，是由 Joseph Weizenbaum 在六十年代开发出来的，它使用替换和模式匹配技术来分析句子并且为给定的输入提供输出。MARGIE 是由 Robert Schank 在七十年代开发出来的，它可以使用 11 种原语来表示所有的英语动词。MARGIE 可以解释一个句子的语义并借助原语来表示其语义。MARGIE 之后进一步让位于脚本的概念，脚本应用机制

（Script Applier Mechanism，SAM）就是基于 MARGIE 开发出来的，它可以翻译来自不同语言的句子，例如英语、汉语、俄语、荷兰语和西班牙语等。为了处理文本数据，使用了一个 Python 库也就是 TextBlob 库。TextBlob 提供了用于执行 NLP 任务的 API，例如词性标注、名词短语提取、文本分类、机器翻译、情感分析等。

语义分析可用于查询数据库和检索信息。另一个 Python 库 Gensim 可用于执行文档索引、主题建模和相似性检索。Polyglot 是一个支持多语言应用的 NLP 工具，它提供了 40 种语言的命名实体识别、165 种语言的分词、196 种语言的语言检测、136 种语言的情感分析、16 种语言的词性标注、135 种语言的形态分析、137 种语言的嵌入以及 69 种语言的音译。MontyLingua 是一个用于执行有关英语文本语义解释的 NLP 工具，它可以从英文句子中提取诸如动词、名词、形容词、日期、短语等语义信息。

可以使用逻辑学来正式地表示句子。命题逻辑中的基本表达式或句子可以用诸如 P、Q、R 等命题符号来表示。命题逻辑中的复杂表达式可以用布尔运算符来表示。例如，为了表示句子 If it is raining, I'll wear a raincoat，可以使用命题逻辑：

- P: It is raining.
- Q: I'll wear raincoat.
- P→Q: If it is raining, I'll wear a raincoat.

考虑下面 NLTK 中用于展示所使用的运算符的代码：

```
>>> import nltk
>>> nltk.boolean_ops()
negation -
conjunction   &
disjunction   |
implication   ->
equivalence   <->
```

合式公式（Well-formed Formulas，WFF）是使用命题符号或命题符号与布尔运算符的组合构成的。

让我们来看看如下 NLTK 中的代码，它将逻辑表达式分解为不同的子类：

```
>>> import nltk
>>> input_expr = nltk.sem.Expression.from string
>>> input_expr('X | (Y -> Z)')
<OrExpression (X | (Y -> Z))>
>>> input_expr('-(X & Y)')
```

```
<NegatedExpression -(X & Y)>
>>> input_expr('X & Y')
<AndExpression (X & Y)>
>>> input_expr('X <-> -- X')
<IffExpression (X <-> --X)>
```

为了将 True 或 False 值赋值给逻辑表达式，使用了 NLTK 中的 Valuation 函数：

```
>>> import nltk
>>> value = nltk.Valuation([('X', True), ('Y', False), ('Z', True)])
>>> value['Z']
True
>>> domain = set()
>>> v = nltk.Assignment(domain)
>>> u = nltk.Model(domain, value)
>>> print(u.evaluate('(X & Y)', v))
False
>>> print(u.evaluate('-(X & Y)', v))
True
>>> print(u.evaluate('(X & Z)', v))
True
>>> print(u.evaluate('(X | Y)', v))
True
```

下面的代码描述了 NLTK 中包含常量和谓词的一阶谓词逻辑：

```
>>> import nltk
>>> input_expr = nltk.sem.Expression.fromstring
>>> expression = input_expr('run(marcus)', type_check=True)
>>> expression.argument
<ConstantExpression marcus>
>>> expression.argument.type
e
>>> expression.function
<ConstantExpression run>
>>> expression.function.type
<e,?>
>>> sign = {'run': '<e, t>'}
>>> expression = input_expr('run(marcus)', signature=sign)
>>> expression.function.type
e
```

在 NLTK 中使用 signature 是为了映射关联类型和非逻辑常量。

考虑如下 NLTK 中的代码，它有助于生成查询指令，并可以从数据库中检索数据：

```
>>> import nltk
>>> nltk.data.show_cfg('grammars/book_grammars/sql1.fcfg')
% start S
S[SEM=(?np + WHERE + ?vp)] -> NP[SEM=?np] VP[SEM=?vp]
VP[SEM=(?v + ?pp)] -> IV[SEM=?v] PP[SEM=?pp]
VP[SEM=(?v + ?ap)] -> IV[SEM=?v] AP[SEM=?ap]
VP[SEM=(?v + ?np)] -> TV[SEM=?v] NP[SEM=?np]
VP[SEM=(?vp1 + ?c + ?vp2)] -> VP[SEM=?vp1] Conj[SEM=?c] VP[SEM=?vp2]
NP[SEM=(?det + ?n)] ->Det[SEM=?det] N[SEM=?n]
NP[SEM=(?n + ?pp)] -> N[SEM=?n] PP[SEM=?pp]
NP[SEM=?n] -> N[SEM=?n] | CardN[SEM=?n]
CardN[SEM='1000'] -> '1,000,000'
PP[SEM=(?p + ?np)] -> P[SEM=?p] NP[SEM=?np]
AP[SEM=?pp] -> A[SEM=?a] PP[SEM=?pp]
NP[SEM='Country="greece"'] -> 'Greece'
NP[SEM='Country="china"'] -> 'China'
Det[SEM='SELECT'] -> 'Which' | 'What'
Conj[SEM='AND'] -> 'and'
N[SEM='City FROM city_table'] -> 'cities'
N[SEM='Population'] -> 'populations'
IV[SEM=''] -> 'are'
TV[SEM=''] -> 'have'
A -> 'located'
P[SEM=''] -> 'in'
P[SEM='>'] -> 'above'
>>> from nltk import load_parser
>>> test = load_parser('grammars/book_grammars/sql1.fcfg')
>>> q=" What cities are in Greece"
>>> t = list(test.parse(q.split()))
>>> ans = t[0].label()['SEM']
>>> ans = [s for s in ans if s]
>>> q = ' '.join(ans)
>>> print(q)
SELECT City FROM city_table WHERE Country="greece"
>>> from nltk.sem import chat80
>>> r = chat80.sql_query('corpora/city_database/city.db', q)
>>> for p in r:
print(p[0], end=" ")

athens
```

6.1.1 NER 简介

命名实体识别（Named entity recognition，NER）是定位文档中的专有名词或命名实体的过程。而且，这些命名实体被分成了不同的类别，例如人名、地名、机构名等。

由 IIIT-Hyderabad IJCNLP 2008 所定义的 NER 标签集有 12 个，描述如下：

SNO.	Named entity tag	Meaning
1	NEP	Name of Person
2	NED	Name of Designation
3	NEO	Name of Organization
4	NEA	Name of Abbreviation
5	NEB	Name of Brand
6	NETP	Title of Person
7	NETO	Title of Object
8	NEL	Name of Location
9	NETI	Time
10	NEN	Number
11	NEM	Measure
12	NETE	Terms

NER 的应用之一是信息提取。在 NLTK 中，我们可以通过存储元组（实体，关系，实体）来执行信息提取任务，之后就可以提取到实体值。

考虑一个 NLTK 中的示例，它展示了如何进行信息提取：

```
>>> import nltk
>>> locations=[('Jaipur', 'IN', 'Rajasthan'),('Ajmer', 'IN',
'Rajasthan'),('Udaipur', 'IN', 'Rajasthan'),('Mumbai', 'IN',
'Maharashtra'),('Ahmedabad', 'IN', 'Gujrat')]
>>> q = [x1 for (x1, relation, x2) in locations if x2=='Rajasthan']
>>> print(q)
['Jaipur', 'Ajmer', 'Udaipur']
```

使用 `nltk.tag.stanford` 模块以便可以使用斯坦福标注器来执行 NER。我们可以通过网址 `http://nlp.stanford.edu/software` 来下载该标注器模型。

让我们来看看如下 NLTK 中的示例，它使用了斯坦福标注器用于执行 NER：

```
>>> from nltk.tag import StanfordNERTagger
>>> sentence = StanfordNERTagger('english.all.3class.distsim.crf.ser.
gz')
>>> sentence.tag('John goes to NY'.split())
[('John', 'PERSON'), ('goes', 'O'), ('to', 'O'),('NY', 'LOCATION')]
```

NLTK 提供了一个已经训练好的可用于识别命名实体的分类器。通过使用函数 `nltk.ne.chunk()`，可以识别一个文本中的命名实体。如果参数 binary 被置为 true，则可以识别出命名实体并使用 NE 标记来标注它们；否则，就使用诸如 PERSON、GPE 和 ORGANIZATION 等标记来标注命名实体。

让我们来看看如下用于识别命名实体的代码，如果命名实体存在，就用 NE 标记来标注它们：

```
>>> import nltk
>>> sentences1 = nltk.corpus.treebank.tagged_sents()[17]
>>> print(nltk.ne_chunk(sentences1, binary=True))
(S
  The/DT
total/NN
of/IN
  18/CD
deaths/NNS
from/IN
malignant/JJ
mesothelioma/NN
  ,/,
lung/NN
cancer/NN
and/CC
asbestosis/NN
was/VBD
far/RB
higher/JJR
than/IN
  */-NONE-
expected/VBN
  *?*/-NONE-
  ,/,
the/DT
researchers/NNS
```

```
 said/VBD
   0/-NONE-
   *T*-1/-NONE-
   ./.)
>>> sentences2 = nltk.corpus.treebank.tagged_sents()[7]
>>> print(nltk.ne_chunk(sentences2, binary=True))
(S
  A/DT
   (NE Lorillard/NNP)
spokewoman/NN
said/VBD
  ,/,
  ``/``
  This/DT
is/VBZ
an/DT
old/JJ
story/NN
  ./.)
>>> print(nltk.ne_chunk(sentences2))
(S
  A/DT
  (ORGANIZATION Lorillard/NNP)
spokewoman/NN
said/VBD
  ,/,
  ``/``
  This/DT
is/VBZ
an/DT
old/JJ
story/NN
  ./.)
```

考虑 NLTK 中另一个可用于识别命名实体的示例：

```
>>> import nltk
>>> from nltk.corpus import conll2002
>>> for documents in conll2002.chunked_sents('ned.train')[25]:
print(documents)


(PER Vandenbussche/Adj)
```

```
('zelf', 'Pron')
('besloot', 'V')
('dat', 'Conj')
('het', 'Art')
('hof', 'N')
('"', 'Punc')
('de', 'Art')
('politieke', 'Adj')
('zeden', 'N')
('uit', 'Prep')
('het', 'Art')
('verleden', 'N')
('"', 'Punc')
('heeft', 'V')
('willen', 'V')
('veroordelen', 'V')
('.', 'Punc')
```

分块器是一个用于将纯文本分割为语义相关的单词序列的程序。为了在 NLTK 中执行 NER，我们需要使用默认的分块器。默认分块器是指基于在 ACE 语料库上训练过的分类器的分块器。其他分块器已经在解析过的或已分块的 NLTK 语料库上被训练过了。这些 NLTK 分块器涉及的语言如下：

- Dutch（荷兰语）。
- Spanish（西班牙语）。
- Portuguese（葡萄牙语）。
- English（英语）。

考虑 NLTK 中的另一个示例，它用于识别命名实体并将其划分为不同的命名实体类别：

```
>>> import nltk
>>> sentence = "I went to Greece to meet John";
>>> tok=nltk.word_tokenize(sentence)
>>> pos_tag=nltk.pos_tag(tok)
>>> print(nltk.ne_chunk(pos_tag))
(S
  I/PRP
went/VBD
to/TO
  (GPE Greece/NNP)
to/TO
```

```
meet/VB
  (PERSON John/NNP))
```

6.1.2 使用隐马尔科夫模型的 NER 系统

HMM 是关于 NER 的流行统计学方法之一。HMM 被定义为一个随机有限状态自动机（Stochastic Finite State Automaton，SFSA），它由与确定的概率分布相关联的有限状态集组成，状态是不可观察或是隐蔽的。HMM 生成最优的状态序列作为输出。HMM 基于马尔科夫链属性。依据马尔科夫链属性，下一个状态发生的概率取决于上一个状态，这是最简单的实现方法。HMM 的缺点是它需要进行大量的训练并且不能用于大的依赖。HMM 包括以下内容：

- 状态集 S，其中$|S|=N$。这里，N 指的是状态的总数。
- 初始状态 $S0$。
- 输出字符表 O，其中$|O|=k$。这里，k 指的是输出字母的总数。
- 转移概率 A。
- 发射概率 B。
- 初始状态概率 π。

HMM 可以由如下的元组呈现——$\lambda=(A, B, \pi)$。

启动概率或初始状态概率可以认为是一个特定的标记首次在句中出现的概率。

转移概率（$A=aij$）指的是在给定当前特定标记 i 出现的情况下下一个标记 j 出现的概率。

$A=aij$=从状态 si 到 sj 的转换的数量/从状态 si 开始转换的数量。

发射概率（$B=bj(O)$）指的是在给定一个状态 j 的情况下输出序列出现的概率。

$B=bj(k)$=在状态 j 时输出观察符号 k 的概率/在状态 j 时预期观察值出现的次数。

Baum Welch 算法用于找到 HMM 参数的最大似然值和后验模型估计。前向-后向算法用于在给定一个输出或观察序列的情况下找到所有隐藏状态变量的后验边缘概率。

使用 HMM 来执行 NER 有三个步骤：注释、HMM 训练和 HMM 测试。注释模块将原始文本转换为注释或可训练的数据。在 HMM 训练环节，我们要计算 HMM 参数，包括启动概率、转移概率和发射概率。在 HMM 测试环节，使用了 Viterbi 算法以便找出最佳标记序列。

考虑一个 NLTK 中有关使用 HMM 进行分块的示例。通过分块，我们可以获得 NP 和 VP 组块。NP 组块可以进一步被处理以便获取专有名词或命名实体：

```
>>> import nltk
>>> nltk.tag.hmm.demo_pos()

HMM POS tagging demo

Training HMM...
Testing...

Test: the/AT fulton/NP county/NN grand/JJ jury/NN said/VBD friday/
NR an/AT investigation/NN of/IN atlanta's/NP$ recent/JJ primary/NN
election/NN produced/VBD ``/`` no/AT evidence/NN ''/'' that/CS any/DTI
irregularities/NNS took/VBD place/NN ./.

Untagged: the fulton county grand jury said friday an investigation of
atlanta's recent primary election produced `` no evidence '' that any
irregularities took place .

HMM-tagged: the/AT fulton/NP county/NN grand/JJ jury/NN said/
VBD friday/NR an/AT investigation/NN of/IN atlanta's/NP$ recent/
JJ primary/NN election/NN produced/VBD ``/`` no/AT evidence/NN ''/''
that/CS any/DTI irregularities/NNS took/VBD place/NN ./.

Entropy: 18.7331739705

------------------------------------------------------------
Test: the/AT jury/NN further/RBR said/VBD in/IN term-end/NN
presentments/NNS that/CS the/AT city/NN executive/JJ committee/NN ,/,
which/WDT had/HVD over-all/JJ charge/NN of/IN the/AT election/NN ,/,
``/`` deserves/VBZ the/AT praise/NN and/CC thanks/NNS of/IN the/AT
city/NN of/IN atlanta/NP ''/'' for/IN the/AT manner/NN in/IN which/WDT
the/AT election/NN was/BEDZ conducted/VBN ./.

Untagged: the jury further said in term-end presentments that the
city executive committee , which had over-all charge of the election
, `` deserves the praise and thanks of the city of atlanta '' for the
manner in which the election was conducted .

HMM-tagged: the/AT jury/NN further/RBR said/VBD in/IN term-end/AT
```

```
presentments/NN that/CS the/AT city/NN executive/NN committee/NN ,/,
which/WDT had/HVD over-all/VBN charge/NN of/IN the/AT election/NN ,/,
``/`` deserves/VBZ the/AT praise/NN and/CC thanks/NNS of/IN the/AT
city/NN of/IN atlanta/NP ''/'' for/IN the/AT manner/NN in/IN which/WDT
the/AT election/NN was/BEDZ conducted/VBN ./.

Entropy: 27.0708725519

------------------------------------------------------------
Test: the/AT september-october/NP term/NN jury/NN had/HVD been/BEN
charged/VBN by/IN fulton/NP superior/JJ court/NN judge/NN durwood/
NP pye/NP to/TO investigate/VB reports/NNS of/IN possible/JJ ``/``
irregularities/NNS ''/'' in/IN the/AT hard-fought/JJ primary/NN which/
WDT was/BEDZ won/VBN by/IN mayor-nominate/NN ivan/NP allen/NP jr./NP
./.

Untagged: the september-october term jury had been charged by fulton
superior court judge durwoodpye to investigate reports of possible ``
irregularities '' in the hard-fought primary which was won by mayor-
nominate ivanallenjr. .

HMM-tagged: the/AT september-october/JJ term/NN jury/NN had/HVD been/
BEN charged/VBN by/IN fulton/NP superior/JJ court/NN judge/NN durwood/
TO pye/VB to/TO investigate/VB reports/NNS of/IN possible/JJ ``/``
irregularities/NNS ''/'' in/IN the/AT hard-fought/JJ primary/NN which/
WDT was/BEDZ won/VBN by/IN mayor-nominate/NP ivan/NP allen/NP jr./NP
./.

Entropy: 33.8281874237

------------------------------------------------------------
Test: ``/`` only/RB a/AT relative/JJ handful/NN of/IN such/JJ reports/
NNS was/BEDZ received/VBN ''/'' ,/, the/AT jury/NN said/VBD ,/, ``/``
considering/IN the/AT widespread/JJ interest/NN in/IN the/AT election/
NN ,/, the/AT number/NN of/IN voters/NNS and/CC the/AT size/NN of/IN
this/DT city/NN ''/'' ./.

Untagged: `` only a relative handful of such reports was received '' ,
the jury said , `` considering the widespread interest in the election
, the number of voters and the size of this city '' .

HMM-tagged: ``/`` only/RB a/AT relative/JJ handful/NN of/IN such/JJ
reports/NNS was/BEDZ received/VBN ''/'' ,/, the/AT jury/NN said/VBD
```

```
,/, ``/`` considering/IN the/AT widespread/JJ interest/NN in/IN the/AT
election/NN ,/, the/AT number/NN of/IN voters/NNS and/CC the/AT size/
NN of/IN this/DT city/NN ''/'' ./.

Entropy: 11.4378198596

--------------------------------------------------------------
Test: the/AT jury/NN said/VBD it/PPS did/DOD find/VB that/CS many/AP
of/IN georgia's/NP$ registration/NN and/CC election/NN laws/NNS ``/``
are/BER outmoded/JJ or/CC inadequate/JJ and/CC often/RB ambiguous/JJ
''/'' ./.

Untagged: the jury said it did find that many of georgia's
registration and election laws `` are outmoded or inadequate and often
ambiguous '' .

HMM-tagged: the/AT jury/NN said/VBD it/PPS did/DOD find/VB that/CS
many/AP of/IN georgia's/NP$ registration/NN and/CC election/NN laws/
NNS ``/`` are/BER outmoded/VBG or/CC inadequate/JJ and/CC often/RB
ambiguous/VB ''/'' ./.

Entropy: 20.8163623192
--------------------------------------------------------------
Test: it/PPS recommended/VBD that/CS fulton/NP legislators/NNS act/VB
``/`` to/TO have/HV these/DTS laws/NNS studied/VBN and/CC revised/VBN
to/IN the/AT end/NN of/IN modernizing/VBG and/CC improving/VBG them/
PPO ''/'' ./.

Untagged: it recommended that fulton legislators act `` to have these
laws studied and revised to the end of modernizing and improving them
'' .

HMM-tagged: it/PPS recommended/VBD that/CS fulton/NP legislators/
NNS act/VB ``/`` to/TO have/HV these/DTS laws/NNS studied/VBD and/CC
revised/VBD to/IN the/AT end/NN of/IN modernizing/NP and/CC improving/
VBG them/PPO ''/'' ./.

Entropy: 20.3244921203

--------------------------------------------------------------
Test: the/AT grand/JJ jury/NN commented/VBD on/IN a/AT number/NN of/
IN other/AP topics/NNS ,/, among/IN them/PPO the/AT atlanta/NP and/
```

```
CC fulton/NP county/NN purchasing/VBG departments/NNS which/WDT it/
PPS said/VBD ``/`` are/BER well/QL operated/VBN and/CC follow/VB
generally/RB accepted/VBN practices/NNS which/WDT inure/VB to/IN the/
AT best/JJT interest/NN of/IN both/ABX governments/NNS ''/'' ./.

Untagged: the grand jury commented on a number of other topics ,
among them the atlanta and fulton county purchasing departments which
it said `` are well operated and follow generally accepted practices
which inure to the best interest of both governments '' .

HMM-tagged: the/AT grand/JJ jury/NN commented/VBD on/IN a/AT number/
NN of/IN other/AP topics/NNS ,/, among/IN them/PPO the/AT atlanta/
NP and/CC fulton/NP county/NN purchasing/NN departments/NNS which/WDT
it/PPS said/VBD ``/`` are/BER well/RB operated/VBN and/CC follow/VB
generally/RB accepted/VBN practices/NNS which/WDT inure/VBZ to/IN the/
AT best/JJT interest/NN of/IN both/ABX governments/NNS ''/'' ./.

Entropy: 31.3834231469

------------------------------------------------------------
Test: merger/NN proposed/VBN

Untagged: merger proposed

HMM-tagged: merger/PPS proposed/VBD

Entropy: 5.6718203946

------------------------------------------------------------
Test: however/WRB ,/, the/AT jury/NN said/VBD it/PPS believes/VBZ
``/`` these/DTS two/CD offices/NNS should/MD be/BE combined/VBN to/TO
achieve/VB greater/JJR efficiency/NN and/CC reduce/VB the/AT cost/NN
of/IN administration/NN ''/'' ./.

Untagged: however , the jury said it believes `` these two offices
should be combined to achieve greater efficiency and reduce the cost
of administration '' .

HMM-tagged: however/WRB ,/, the/AT jury/NN said/VBD it/PPS believes/
VBZ ``/`` these/DTS two/CD offices/NNS should/MD be/BE combined/VBN
to/TO achieve/VB greater/JJR efficiency/NN and/CC reduce/VB the/AT
cost/NN of/IN administration/NN ''/'' ./.
```

```
Entropy: 8.27545943909

------------------------------------------------------------
Test: the/AT city/NN purchasing/VBG department/NN ,/, the/AT jury/NN
said/VBD ,/, ``/`` is/BEZ lacking/VBG in/IN experienced/VBN clerical/
JJ personnel/NNS as/CS a/AT result/NN of/IN city/NN personnel/NNS
policies/NNS ''/'' ./.

Untagged: the city purchasing department , the jury said , `` is
lacking in experienced clerical personnel as a result of city
personnel policies '' .

HMM-tagged: the/AT city/NN purchasing/NN department/NN ,/, the/
AT jury/NN said/VBD ,/, ``/`` is/BEZ lacking/VBG in/IN experienced/
AT clerical/JJ personnel/NNS as/CS a/AT result/NN of/IN city/NN
personnel/NNS policies/NNS ''/'' ./.

Entropy: 16.7622537278

------------------------------------------------------------
accuracy over 284 tokens: 92.96
```

可以认为 NER 标注器的结果是一个回答，人们的解释称作答案要点。因此，我们提供了如下定义：

- **Correct**：如果回答与答案要点完全相同。
- **Incorrect**：如果回答与答案要点不同。
- **Missing**：如果答案要点被标注，但回答未被标注。
- **Spurious**：如果回答被标注，但答案要点未被标注。

通过使用以下参数可以评价一个基于 NER 的系统的性能：

- **Precision (P)**：定义如下：

P=Correct/ (Correct+Incorrect+Missing)

- **Recall (R)**：定义如下：

R=Correct/ (Correct+Incorrect+Spurious)

- **F-Measure**：定义如下：

F-Measure = (2*PREC*REC)/(PRE+REC)

6.1.3 使用机器学习工具包训练 NER

可以使用以下方法执行 NER：

- 基于规则的或手工的方法：
  - 列表查找方法。
  - 语言学方法。
- 基于机器学习的方法或自动化方法：
  - 隐马尔科夫模型。
  - 最大熵马尔科夫模型。
  - 条件随机场。
  - 支持向量机。
  - 决策树。

实践表明，基于机器学习的方法优于基于规则的方法。此外，如果使用了基于规则的和基于机器学习的方法的组合，那么 NER 的性能也将提升。

6.1.4 使用词性标注执行 NER

通过使用词性标注可以执行 NER。可使用的词性标记如下所示（可访问 https://www.ling.upenn.edu/courses/Fall_2003/ling001/penn_treebank_pos.html）：

Tag	Description
CC	Coordinating conjunction
CD	Cardinal number
DT	Determiner
EX	Existential there
FW	Foreign word
IN	Preposition or subordinating conjunction
JJ	Adjective
JJR	Adjective, comparative
JJS	Adjective, superlative

续表

LS	List item marker
MD	Modal
NN	Noun, singular or mass
NNS	Noun, plural
NNP	Proper noun, singular
NNPS	Proper noun, plural
PDT	Predeterminer
POS	Possessive ending
PRP	Personal pronoun
PRP$	Possessive pronoun
RB	Adverb
RBR	Adverb, comparative
RBS	Adverb, superlative
RP	Particle
SYM	Symbol
TO	To
UH	Interjection
VB	Verb, base form
VBD	Verb, past tense
VBG	Verb, gerund or present participle
VBN	Verb, past participle
VBP	Verb, non-3rd person singular present
VBZ	Verb, 3rd person singular present
WDT	Wh-determiner
WP	Wh-pronoun
WP$	Possessive wh-pronoun
WRB	Wh-adverb

如果执行了词性标注，那么使用词性信息就可以识别出命名实体。用 NNP 标记标注的标识符就是命名实体。

考虑如下 NLTK 中的示例，它使用词性标注来执行 NER：

```
>>> import nltk
>>> from nltk import pos_tag, word_tokenize
>>> pos_tag(word_tokenize("John and Smith are going to NY and
Germany"))
[('John', 'NNP'), ('and', 'CC'), ('Smith', 'NNP'), ('are', 'VBP'),
('going', 'VBG'), ('to', 'TO'), ('NY', 'NNP'), ('and', 'CC'),
('Germany', 'NNP')]
```

在这里，命名实体是 John、Smith、NY 以及 Germany，因为它们被标注了 NNP 标记。

让我们来看看另一个 NLTK 中的示例，其中执行了词性标注并且词性标记信息被用于识别命名实体：

```
>>> import nltk
>>> from nltk.corpus import brown
>>> from nltk.tag import UnigramTagger
>>> tagger = UnigramTagger(brown.tagged_sents(categories='news')
[:700])
>>> sentence = ['John','and','Smith','went','to','NY','and','Germany']
>>> for word, tag in tagger.tag(sentence):
print(word,'->',tag)

John -> NP
and -> CC
Smith -> None
went -> VBD
to -> TO
NY -> None
and -> CC
Germany -> None
```

在这里，单词 John 已经被标注了 NP 标记，因此它被识别为命名实体。这里的一些标识符用 None 标记标注是因为这些标识符还没有经过训练。

6.2 使用 Wordnet 生成同义词集 id

Wordnet 可以定义为一个英语词汇数据库。通过使用同义词集，可以找到单词之间的概念依存，例如上位词、同义词、反义词和下位词。

考虑如下 NLTK 中用于生成同义词集的代码：

```
    def all_synsets(self, pos=None):
            """Iterate over all synsets with a given part of speech tag.
            If no pos is specified, all synsets for all parts of speech
            will be loaded.
            """
            if pos is None:
                pos_tags = self._FILEMAP.keys()
            else:
                pos_tags = [pos]

            cache = self._synset_offset_cache
            from_pos_and_line = self._synset_from_pos_and_line

            # generate all synsets for each part of speech
            for pos_tag in pos_tags:
                # Open the file for reading. Note that we can not re-use
                # the file pointers from self._data_file_map here, because
                # we're defining an iterator, and those file pointers
might
                # be moved while we're not looking.
                if pos_tag == ADJ_SAT:
                    pos_tag = ADJ
                fileid = 'data.%s' % self._FILEMAP[pos_tag]
                data_file = self.open(fileid)

                try:
                    # generate synsets for each line in the POS file
                    offset = data_file.tell()
                    line = data_file.readline()
                    while line:
                        if not line[0].isspace():
                            if offset in cache[pos_tag]:
                                # See if the synset is cached
                                synset = cache[pos_tag][offset]
                            else:
                                # Otherwise, parse the line
                                synset = from_pos_and_line(pos_tag, line)
                                cache[pos_tag][offset] = synset

                            # adjective satellites are in the same file as
                            # adjectives so only yield the synset if it's
actually
                            # a satellite
```

```
                            if synset._pos == ADJ_SAT:
                                yield synset

                            # for all other POS tags, yield all synsets
(this means
                            # that adjectives also include adjective
satellites)
                            else:
                                yield synset
                        offset = data_file.tell()
                        line = data_file.readline()

            # close the extra file handle we opened
            except:
                data_file.close()
                raise
            else:
                data_file.close()
```

让我们看看如下 NLTK 中的代码，它通过使用同义词集来查找单词：

```
>>> import nltk
>>> from nltk.corpus import wordnet
>>> from nltk.corpus import wordnet as wn
>>> wn.synsets('cat')
[Synset('cat.n.01'), Synset('guy.n.01'), Synset('cat.n.03'),
Synset('kat.n.01'), Synset('cat-o'-nine-tails.n.01'),
Synset('caterpillar.n.02'), Synset('big_cat.n.01'),
Synset('computerized_tomography.n.01'), Synset('cat.v.01'),
Synset('vomit.v.01')]
>>> wn.synsets('cat', pos=wn.VERB)
[Synset('cat.v.01'), Synset('vomit.v.01')]
>>> wn.synset('cat.n.01')
Synset('cat.n.01')
```

这里，`cat.n.01` 表示单词 `cat` 属于名词类别并且只有一种含义的 `cat` 存在：

```
>>> print(wn.synset('cat.n.01').definition())
feline mammal usually having thick soft fur and no ability to roar:
domestic cats; wildcats
>>> len(wn.synset('cat.n.01').examples())
0
>>> wn.synset('cat.n.01').lemmas()
[Lemma('cat.n.01.cat'), Lemma('cat.n.01.true_cat')]
```

```
>>> [str(lemma.name()) for lemma in wn.synset('cat.n.01').lemmas()]
['cat', 'true_cat']
>>> wn.lemma('cat.n.01.cat').synset()
Synset('cat.n.01')
```

让我们来看看如下 NLTK 中的示例，它描述了同义词集以及使用了 ISO 639 语种代码的开放多语言 Wordnet 的用法：

```
>>> import nltk
>>> from nltk.corpus import wordnet
>>> from nltk.corpus import wordnet as wn
>>> sorted(wn.langs())
['als', 'arb', 'cat', 'cmn', 'dan', 'eng', 'eus', 'fas', 'fin', 'fra',
'fre', 'glg', 'heb', 'ind', 'ita', 'jpn', 'nno', 'nob', 'pol', 'por',
'spa', 'tha', 'zsm']
>>> wn.synset('cat.n.01').lemma_names('ita')
['gatto']
>>> sorted(wn.synset('cat.n.01').lemmas('dan'))
[Lemma('cat.n.01.kat'), Lemma('cat.n.01.mis'), Lemma('cat.n.01.
missekat')]
>>> sorted(wn.synset('cat.n.01').lemmas('por'))
[Lemma('cat.n.01.Gato-doméstico'), Lemma('cat.n.01.Gato_doméstico'),
Lemma('cat.n.01.gato'), Lemma('cat.n.01.gato')]
>>> len(wordnet.all_lemma_names(pos='n', lang='jpn'))
66027
>>> cat = wn.synset('cat.n.01')
>>> cat.hypernyms()
[Synset('feline.n.01')]
>>> cat.hyponyms()
[Synset('domestic_cat.n.01'), Synset('wildcat.n.03')]
>>> cat.member_holonyms()
[]
>>> cat.root_hypernyms()
[Synset('entity.n.01')]
>>> wn.synset('cat.n.01').lowest_common_hypernyms(wn.
synset('dog.n.01'))
[Synset('carnivore.n.01')]
```

6.3 使用 Wordnet 进行词义消歧

词义消歧是基于单词的含义或意义来区分两个或更多拼写相同或发音相同的单词的任务。

以下是使用 Python 技术实现的词义消歧或 WSD 任务：

- Lesk 算法：
    - 原始的 Lesk 算法。
    - 余弦 Lesk 算法（使用余弦定理而不是原始计数来计算重叠）。
    - 简单的 Lesk 算法（例如定义上位词 + 下位词）。
    - 自适应的/可扩展的 Lesk 算法。
    - 增强的 Lesk 算法。
- 最大相似性：
    - 信息内容。
    - 路径相似性。
- 有指导的 WSD：
    - It Makes Sense（IMS）。
    - 支持向量机 WSD。
- 向量空间模型：
    - 主题模型，LDA。
    - LSI / LSA。
    - NMF。
- 基于图表的模型：
    - Babelfly。
    - UKB。
- 基准：
    - 随机含义。
    - 最高引理计数。
    - 第一 NLTK 含义。

NLTK 中的 Wordnet 语义相似度涉及以下算法：

- **Resnik Score 相似度算法**：在比较两个标识符时，返回一个决定两个标识符相似度的得分（最小公共包含，Least Common Subsumer）。

- **Wu-Palmer 相似度算法**：基于两个概念的深度和最小公共包含来定义两个标识符之间的相似度。

- **Path Distance 相似度算法**：基于在 is-a 分类结构中计算的最短距离来决定两个标识符的相似度。

- **Leacock Chodorow 相似度算法**：基于最短路径和语义在分类结构中的最大深度返回一个相似度得分。

- **Lin 相似度算法**：基于最小公共包含的信息内容和两个输入的同义词集返回一个相似度得分。

- **Jiang-Conrath 相似度算法**：基于最小公共包含的内容信息和两个输入的同义词集返回一个相似度得分。

考虑如下 NLTK 中用于描述路径相似性的代码示例：

```
>>> import nltk
>>> from nltk.corpus import wordnet
>>> from nltk.corpus import wordnet as wn
>>> lion = wn.synset('lion.n.01')
>>> cat = wn.synset('cat.n.01')
>>> lion.path_similarity(cat)
0.25
```

考虑如下 NLTK 中用于描述 Leacock Chodorow 相似性的代码示例：

```
>>> import nltk
>>> from nltk.corpus import wordnet
>>> from nltk.corpus import wordnet as wn
>>> lion = wn.synset('lion.n.01')
>>> cat = wn.synset('cat.n.01')
>>> lion.lch_similarity(cat)
2.2512917986064953
```

考虑如下 NLTK 中用于描述 Wu-Palmer 相似性的代码示例：

```
>>> import nltk
>>> from nltk.corpus import wordnet
>>> from nltk.corpus import wordnet as wn
```

```
>>> lion = wn.synset('lion.n.01')
>>> cat = wn.synset('cat.n.01')
>>> lion.wup_similarity(cat)
0.896551724137931
```

考虑如下 NLTK 中用于描述 Resnik 相似性、Lin 相似性和 Jiang-Conrath 相似性的代码示例：

```
>>> import nltk
>>> from nltk.corpus import wordnet
>>> from nltk.corpus import wordnet as wn
>>> from nltk.corpus import wordnet_ic
>>> brown_ic = wordnet_ic.ic('ic-brown.dat')
>>> semcor_ic = wordnet_ic.ic('ic-semcor.dat')
>>> from nltk.corpus import genesis
>>> genesis_ic = wn.ic(genesis, False, 0.0)
>>> lion = wn.synset('lion.n.01')
>>> cat = wn.synset('cat.n.01')
>>> lion.res_similarity(cat, brown_ic)
8.663481537685325
>>> lion.res_similarity(cat, genesis_ic)
7.339696591781995
>>> lion.jcn_similarity(cat, brown_ic)
0.36425897775957294
>>> lion.jcn_similarity(cat, genesis_ic)
0.3057800856788946
>>> lion.lin_similarity(cat, semcor_ic)
0.8560734335071154
```

让我们来看看如下 NLTK 中基于 Wu-Palmer 相似性和路径距离相似性的代码：

```
from nltk.corpus import wordnet as wn
def getSenseSimilarity(worda,wordb):

"""

find similarity between word senses of two words

"""
wordasynsets = wn.synsets(worda)

wordbsynsets = wn.synsets(wordb)
```

```
synsetnamea = [wn.synset(str(syns.name)) for syns in wordasynsets]

    synsetnameb = [wn.synset(str(syns.name)) for syns in wordbsynsets]


for sseta, ssetb in [(sseta,ssetb) for sseta in synsetnamea\

for ssetb in synsetnameb]:

pathsim = sseta.path_similarity(ssetb)

wupsim = sseta.wup_similarity(ssetb)

if pathsim != None:

print "Path Sim Score: ",pathsim," WUP Sim Score: ",wupsim,\

"\t",sseta.definition, "\t", ssetb.definition


if __name__ == "__main__":

#getSenseSimilarity('walk','dog')

getSenseSimilarity('cricket','ball')
```

让我们考虑如下 NLTK 中有关 Lesk 算法的代码，它用于执行词义消歧任务：

```
from nltk.corpus import wordnet


def lesk(context_sentence, ambiguous_word, pos=None, synsets=None):
    """Return a synset for an ambiguous word in a context.

    :param iter context_sentence: The context sentence where the
ambiguous word
    occurs, passed as an iterable of words.
    :param str ambiguous_word: The ambiguous word that requires WSD.
    :param str pos: A specified Part-of-Speech (POS).
    :param iter synsets: Possible synsets of the ambiguous word.
    :return: ``lesk_sense`` The Synset() object with the highest
```

```
signature overlaps.

// This function is an implementation of the original Lesk
algorithm (1986) [1].

    Usage example::

>>> lesk(['I', 'went', 'to', 'the', 'bank', 'to', 'deposit', 'money',
'.'], 'bank', 'n')
    Synset('savings_bank.n.02')


    context = set(context_sentence)
    if synsets is None:
        synsets = wordnet.synsets(ambiguous_word)

    if pos:
        synsets = [ss for ss in synsets if str(ss.pos()) == pos]

    if not synsets:
        return None

    _, sense = max(
        (len(context.intersection(ss.definition().split())), ss) for
ss in synsets
    )

return sense
```

6.4 小结

在本章中，我们讨论了语义分析，它也是自然语言处理的阶段之一。我们还讨论了NER、使用 HMM 执行 NER、使用机器学习工具包执行 NER、NER 的性能指标、使用词性标注执行 NER、使用 Wordnet 的 WSD 和同义词集生成。

在下一章中，我们将使用 NER 和机器学习的方法来讨论情感分析，还将讨论 NER 系统的评估。

第 7 章
情感分析：我很快乐

情感分析（或者叫情感生成）是 NLP 中的众多任务之一，其被定义为确定一个字符序列背后所隐含的情感信息的过程。情感分析可用于确定表达文本思想的演讲者或人们的心情是愉快的还是悲伤的，或者仅代表一次中性的表达。

本章将包含以下主题：

- 情感分析简介。
- 使用 NER 执行情感分析。
- 使用机器学习执行情感分析。
- NER 系统的评估。

7.1 情感分析简介

情感分析可以认为是一个在自然语言上执行的任务。这里，对用自然语言表达的句子或单词执行了计算，以便确定它们是在表达积极的、消极的还是中性的情感。情感分析是一个主观的任务，因为它提供了所表达的文本的有关信息。情感分析可以认为是一个分类问题，有两种分类类型，即二元分类（积极的或消极的）和多元分类（积极的、消极的或中性的）。情感分析也被称作文本情感分析，这是一种文本挖掘的方法，通过该方法我们可以知晓文本隐含的情感或情绪。当我们将情感分析与主题挖掘相结合时，就可以称之为主题情感分析。通过使用词典可以执行情感分析。词典可以是特定领域的抑或是通用类型的，词典可以包含一个由积极的表达、消极的表达、中性的表达和停止词组成的列表。当出现一个测试的句子时，可以通过该词典来执行简单的查找操作。

单词列表的一个例子是标准英语情感词汇库（Affective Norms for English Words，ANEW）。这个库是一个英语单词列表，是由 Bradley 和 Lang 在佛罗里达大学创建的，它包含了涉及情绪的三个维度（优势度、愉悦度、激活度）的 1034 个单词。当初构建这个单词列表是为了学术目的并不是为了研究的目的。其他变体有 DANEW (Dutch ANEW)和 SPANEW (Spanish ANEW)。

AFINN 由 2477 个单词组成(更早为 1468 个单词)。这个单词列表是由 Finn Arup Nielson 创建的。创建这个单词列表的主要目的是对 Twitter 上的文本执行情感分析，并将评价值(范围从-5 到+5）分配给每一个单词。

Balance Affective 单词列表包括 277 个英语单词。评价编码范围从 1 到 4。1 表示积极的，2 表示消极的，3 表示焦虑的，4 表示中立的。

Berlin Affective Word List (BAWL)，包含 2200 个德语单词。BAWL 的另一个版本是 Berlin Affective Word List Reloaded (BAWL-R)，其由单词的额外激活度组成。

Bilingual Finnish Affective Norms，包括 210 个英式英语和芬兰语名词，此外还包括禁忌词。

Compass DeRose Guide to Emotion Words，由英文中的情绪词组成，它是由 Steve J. DeRose 创立的。虽然单词被分了类，但是并不存在评价值和激活度。

Dictionary of Affect in Language (DAL)，包括可用于情感分析的情绪词，它是由 Cynthia M. Whissell 创立的。因此，它也被称为 Whissell's Dictionary of Affect in Language (WDAL)。

General Inquirer，由许多字典组成。其中，积极情感列表包含 1915 个单词，消极情感列表包含 2291 个单词。

Hu-Liu opinion Lexicon (HL)，由一个包含了 6800 个单词（积极的和消极的）的列表组成。

Leipzig Affective Norms for German (LANG)，是一个由 1000 个德语名词组成的列表，其评级基于评价值、性别和激活度。

Loughran and McDonald Financial Sentiment Dictionaries，它是由 Tim Loughran 和 Bill McDonald 创建的。这些词典由财务文档词汇组成，其包含积极的、消极的或者有关语气的单词。

Moors，由一个与优势度、激活度和评价值相关的荷兰语单词列表组成。

NRC Emotion Lexicon，包含由 Saif M. Mohammad 通过亚马逊土耳其机器人（Amazon Mechanical Turk）开发的一个词汇列表。

OpinionFinder 的 Subjectivity Lexicon 由一个包含了 8221 个单词（积极的或消极的）的列表组成。

SentiSense，由 2190 个同义词集和 5496 个单词组成，这些单词涉及 14 种情感分类。

Warringer，包含 13915 个英文单词，这些单词由亚马逊土耳其机器人（Amazon Mechanical Turk）收集且与优势度、激活度和评价值相关。

labMT，是一个由 10000 个单词组成的单词列表。

让我们考虑如下 NLTK 中的代码示例，其可用于对电影评论进行情感分析：

```
import nltk
import random
from nltk.corpus import movie_reviews
docs = [(list(movie_reviews.words(fid)), cat)
         for cat in movie_reviews.categories()
         for fid in movie_reviews.fileids(cat)]
random.shuffle(docs)

all_tokens = nltk.FreqDist(x.lower() for x in movie_reviews.words())
token_features = all_tokens.keys()[:2000]
print token_features[:100]

    [',', 'the', '.', 'a', 'and', 'of', 'to', "'", 'is', 'in', 's',
'"', 'it', 'that', '-', ')', '(', 'as', 'with', 'for', 'his', 'this',
'film', 'i', 'he', 'but', 'on', 'are', 't', 'by', 'be', 'one',
'movie', 'an', 'who', 'not', 'you', 'from', 'at', 'was', 'have',
'they', 'has', 'her', 'all', '?', 'there', 'like', 'so', 'out',
'about', 'up', 'more', 'what', 'when', 'which', 'or', 'she', 'their',
':', 'some', 'just', 'can', 'if', 'we', 'him', 'into', 'even', 'only',
'than', 'no', 'good', 'time', 'most', 'its', 'will', 'story', 'would',
'been', 'much', 'character', 'also', 'get', 'other', 'do', 'two',
'well', 'them', 'very', 'characters', ';', 'first', '--', 'after',
'see', '!', 'way', 'because', 'make', 'life']

def doc_features(doc):
    doc_words = set(doc)
    features = {}
    for word in token_features:
        features['contains(%s)' % word] = (word in doc_words)
    return features
```

```
print doc_features(movie_reviews.words('pos/cv957_8737.txt
feature_sets = [(doc_features(d), c) for (d,c) in doc]
train_sets, test_sets = feature_sets[100:], feature_sets[:100]
classifiers = nltk.NaiveBayesClassifier.train(train_sets)
print nltk.classify.accuracy(classifiers, test_sets)

0.86

classifier.show_most_informative_features(5)

    Most Informative Features
contains(damon) = True          pos : neg  =  11.2 : 1.0
contains(outstanding) = True    pos : neg  =  10.6 : 1.0
contains(mulan) = True          pos : neg  =   8.8 : 1.0
contains(seagal) = True         neg : pos  =   8.4 : 1.0
contains(wonderfully) = True    pos : neg  =   7.4 : 1.0
```

这里，我们检测了文档中是否存在有益的特征信息。

考虑另一个语义分析的例子。首先需要进行文本的预处理。在此过程中，标识出了给定文本中的句子，然后再标识出句子中的标识符。每个标识符还包括三个实体，即：单词、词条和标记。

让我们来看看如下 NLTK 中用于执行文本预处理的代码：

```
import nltk

class Splitter(object):
def __init__(self):
self.nltk_splitter = nltk.data.load('tokenizers/punkt/english.pickle')
self.nltk_tokenizer = nltk.tokenize.TreebankWordTokenizer()

def split(self, text):
sentences = self.nltk_splitter.tokenize(text)
tokenized_sentences = [self.nltk_tokenizer.tokenize(sent) for sent in
sentences]
return tokenized_sentences
class POSTagger(object):
def __init__(self):
pass

def pos_tag(self, sentences):
```

```
pos = [nltk.pos_tag(sentence) for sentence in sentences]
pos = [[(word, word, [postag]) for (word, postag) in sentence] for
sentence in pos]
return pos
```

生成的词条将与单词的形式相同，标记指的是词性标记。考虑如下代码，它为每个标识符生成了包含三个元素的元组（即单词、词条和词性标记）。

```
text = """Why are you looking disappointed. We will go to restaurant
for dinner."""
splitter = Splitter()
postagger = POSTagger()
splitted_sentences = splitter.split(text)
print splitted_sentences
[['Why','are','you','looking','disappointed','.'], ['We','will','go','
to','restaurant','for','dinner','.']]

pos_tagged_sentences = postagger.pos_tag(splitted_sentences)

print pos_tagged_sentences
[[('Why','Why',['WP']),('are','are',['VBZ']),('you','you',['PRP']
),('looking','looking',['VB']),('disappointed','disappointed',['
VB']),('.','.',['.'])],[('We','We',['PRP']),('will','will',['VBZ']),('
go','go',['VB']),('to','to',['TO']),('restaurant','restaurant',['NN'])
,('for','for',['IN']),('dinner','dinner',['NN']),('.','.',['.'])]]
```

我们可以构建两种类型的字典，其包含了积极的表达和消极的表达，然后我们就可以使用字典对我们处理过的文本执行词性标注。

让我们考虑如下 NLTK 中有关使用字典来执行词性标注的代码：

```
class DictionaryTagger(object):
def __init__(self, dictionary_paths):
files = [open(path, 'r') for path in dictionary_paths]
dictionaries = [yaml.load(dict_file) for dict_file in files]
map(lambda x: x.close(), files)
self.dictionary = {}
self.max_key_size = 0
for curr_dict in dictionaries:
for key in curr_dict:
if key in self.dictionary:
self.dictionary[key].extend(curr_dict[key])
else:
```

```
self.dictionary[key] = curr_dict[key]
self.max_key_size = max(self.max_key_size, len(key))

def tag(self, postagged_sentences):
return [self.tag_sentence(sentence) for sentence in postagged_
sentences]

def tag_sentence(self, sentence, tag_with_lemmas=False):
tag_sentence = []
        N = len(sentence)
if self.max_key_size == 0:
self.max_key_size = N
i = 0
while (i< N):
j = min(i + self.max_key_size, N) #avoid overflow
tagged = False
while (j >i):
expression_form = ' '.join([word[0] for word in sentence[i:j]]).
lower()
expression_lemma = ' '.join([word[1] for word in sentence[i:j]]).
lower()
if tag_with_lemmas:
literal = expression_lemma
else:
literal = expression_form
if literal in self.dictionary:
    is_single_token = j - i == 1
original_position = i
i = j
taggings = [tag for tag in self.dictionary[literal]]
tagged_expression = (expression_form, expression_lemma, taggings)
if is_single_token: #if the tagged literal is a single token, conserve
its previous taggings:
original_token_tagging = sentence[original_position][2]
tagged_expression[2].extend(original_token_tagging)
tag_sentence.append(tagged_expression)
tagged = True
else:
                    j = j - 1
if not tagged:
tag_sentence.append(sentence[i])
i += 1
return tag_sentence
```

这里，在字典的帮助下，文本中预处理过的单词被标注为积极的或者消极的。

让我们来看看如下 NLTK 中的代码，其可用于计算积极表达和消极表达的数量：

```
def value_of(sentiment):
if sentiment == 'positive': return 1
if sentiment == 'negative': return -1
return 0
def sentiment_score(review):
return sum ([value_of(tag) for sentence in dict_tagged_sentences for
token in sentence for tag in token[2]])
```

在 NLTK 中，`nltk.sentiment.util` 模块通过使用 Hu-Liu 字典来进行情感分析。在字典的帮助下，该模块对积极表达、消极表达以及中立表达的数量进行了统计，然后基于多数原则来确定该文本是由积极、消极还是中立的情感所组成的。字典不支持的单词被认为是中立的。

7.1.1 使用 NER 执行情感分析

NER 是一个找出命名实体并将其分类为不同的命名实体类的过程。我们可以使用不同的技术来执行 NER，例如基于规则的方法、列表查找方法和统计学方法（隐马尔科夫模型、最大熵马尔科夫模型、支持向量机、条件随机场和决策树）。

如果识别出了一个列表中的命名实体，那么就可以将它们从句子中移除或过滤掉。类似地，停止词也可以被删除。现在我们就可以对剩余的单词进行情感分析了，因为命名实体是与情感分析无关的单词。

7.1.2 使用机器学习执行情感分析

NLTK 中的 `nltk.sentiment.sentiment_analyzer` 模块可用于执行情感分析，它是基于机器学习技术的。

让我们来看看如下 NLTK 中有关 `nltk.sentiment.sentiment_analyzer` 模块的代码：

```
from __future__ import print_function
from collections import defaultdict

from nltk.classify.util import apply_features, accuracy as eval_
accuracy
```

```
from nltk.collocations import BigramCollocationFinder
from nltk.metrics import (BigramAssocMeasures, precision as eval_
precision,
    recall as eval_recall, f_measure as eval_f_measure)

from nltk.probability import FreqDist

from nltk.sentiment.util import save_file, timer
class SentimentAnalyzer(object):
    """
    A tool for Sentiment Analysis which is based on machine learning
techniques.
    """
    def __init__(self, classifier=None):
        self.feat_extractors = defaultdict(list)
        self.classifier = classifier
```

考虑如下代码，它将返回文本中所有（重复的）单词：

```
def all_words(self, documents, labeled=None):
  all_words = []
  if labeled is None:
      labeled = documents and isinstance(documents[0], tuple)
  if labeled == True:
      for words, sentiment in documents:
          all_words.extend(words)
  elif labeled == False:
      for words in documents:
        all_words.extend(words)
  return all_words
```

考虑如下代码，它将在文本上应用特征提取函数：

```
def apply_features(self, documents, labeled=None):

        return apply_features(self.extract_features, documents,
labeled)
```

考虑如下代码，它将返回单词的特征：

```
def unigram_word_feats(self, words, top_n=None, min_freq=0):
        unigram_feats_freqs = FreqDist(word for word in words)
        return [w for w, f in unigram_feats_freqs.most_common(top_n)
                if unigram_feats_freqs[w] > min_freq]
```

以下代码返回的是二元语法特征：

```
def bigram_collocation_feats(self, documents, top_n=None, min_freq=3,
                              assoc_measure=BigramAssocMeasures.
pmi):
      finder = BigramCollocationFinder.from_documents(documents)
      finder.apply_freq_filter(min_freq)
      return finder.nbest(assoc_measure, top_n)
```

让我们来看看如下代码，通过使用特征集其可用于分类一个给定的实例：

```
def classify(self, instance):
        instance_feats = self.apply_features([instance],
labeled=False)
        return self.classifier.classify(instance_feats[0])
```

让我们来看看如下代码，其可用于抽取文本的特征：

```
def add_feat_extractor(self, function, **kwargs):
        self.feat_extractors[function].append(kwargs)

def extract_features(self, document):
        all_features = {}
        for extractor in self.feat_extractors:
            for param_set in self.feat_extractors[extractor]:
                feats = extractor(document, **param_set)
            all_features.update(feats)
        return all_features
```

让我们来看看如下可在训练文件上执行训练的代码，其中 save_classifier 用于将输出结果保存到一个文件中：

```
def train(self, trainer, training_set, save_classifier=None,
**kwargs):
        print("Training classifier")
        self.classifier = trainer(training_set, **kwargs)
        if save_classifier:
            save_file(self.classifier, save_classifier)

        return self.classifier
```

让我们来看看如下代码，其可用于执行测试，而且其通过使用测试数据能够对我们的分类器执行性能评估：

```
def evaluate(self, test_set, classifier=None, accuracy=True, f_
measure=True,
                 precision=True, recall=True, verbose=False):
        if classifier is None:
            classifier = self.classifier
        print("Evaluating {0} results...".format(type(classifier).__
name__))
        metrics_results = {}
        if accuracy == True:
            accuracy_score = eval_accuracy(classifier, test_set)
            metrics_results['Accuracy'] = accuracy_score

        gold_results = defaultdict(set)
        test_results = defaultdict(set)
        labels = set()
        for i, (feats, label) in enumerate(test_set):
            labels.add(label)
            gold_results[label].add(i)
            observed = classifier.classify(feats)
            test_results[observed].add(i)

        for label in labels:
            if precision == True:
                precision_score = eval_precision(gold_results[label],
                    test_results[label])
                metrics_results['Precision [{0}]'.format(label)] =
precision_score
            if recall == True:
                recall_score = eval_recall(gold_results[label],
                    test_results[label])
                metrics_results['Recall [{0}]'.format(label)] =
recall_score
            if f_measure == True:
                f_measure_score = eval_f_measure(gold_results[label],
                    test_results[label])
                metrics_results['F-measure [{0}]'.format(label)] = f_
measure_score

        if verbose == True:
            for result in sorted(metrics_results):
                print('{0}: {1}'.format(result, metrics_
results[result]))

        return metrics_results
```

Twitter 被认为是最流行的博客服务之一，它可用于创建那些被称作推文的消息，这些推文由相关积极、消极或中立情感的单词所组成。

为了执行情感分析，我们可以使用机器学习分类器、统计学分类器或自动分类器，例如朴素贝叶斯分类器（Naive Bayes Classifier）、最大熵分类器（Maximum Entropy Classifier）以及支持向量机分类器（Support Vector Machine Classifier）等。

这些机器学习分类器或自动分类器用于执行有监督的分类，因为它们需要训练数据才能执行分类。

让我们来看看如下 NLTK 中用于执行特征提取的代码：

```
stopWords = []

#If there is occurrence of two or more same character, then replace it
with the character itself.
def replaceTwoOrMore(s):
    pattern = re.compile(r"(.)\1{1,}", re.DOTALL)
    return pattern.sub(r"\1\1", s)
def getStopWordList(stopWordListFileName):
    # This function will read the stopwords from a file and builds a
list.
    stopWords = []
    stopWords.append('AT_USER')
    stopWords.append('URL')

    fp = open(stopWordListFileName, 'r')
    line = fp.readline()
    while line:
        word = line.strip()
        stopWords.append(word)
        line = fp.readline()
    fp.close()
    return stopWords

def getFeatureVector(tweet):
    featureVector = []
    #Tweets are firstly split into words
    words = tweet.split()
    for w in words:
        #replace two or more with two occurrences
        w = replaceTwoOrMore(w)
```

```
            #strip punctuation
            w = w.strip('\'"?,.')
            #Words begin with alphabet is checked.
            val = re.search(r"^[a-zA-Z][a-zA-Z0-9]*$", w)
            #If there is a stop word, then it is ignored.
            if(w in stopWords or val is None):
                continue
            else:
                featureVector.append(w.lower())
        return featureVector
#end

#Tweets are read one by one and then processed.
fp = open('data/sampleTweets.txt', 'r')
line = fp.readline()

st = open('data/feature_list/stopwords.txt', 'r')
stopWords = getStopWordList('data/feature_list/stopwords.txt')

while line:
    processedTweet = processTweet(line)
    featureVector = getFeatureVector(processedTweet)
    print featureVector
    line = fp.readline()
#end loop
fp.close()

#Tweets are read one by one and then processed.
inpTweets = csv.reader(open('data/sampleTweets.csv', 'rb'),
delimiter=',', quotechar='|')
tweets = []
for row in inpTweets:
    sentiment = row[0]
    tweet = row[1]
    processedTweet = processTweet(tweet)
    featureVector = getFeatureVector(processedTweet, stopWords)
    tweets.append((featureVector, sentiment));

#Features Extraction takes place using following method
def extract_features(tweet):
    tweet_words = set(tweet)
    features = {}
    for word in featureList:
```

```
        features['contains(%s)' % word] = (word in tweet_words)
    return features
```

在训练分类器期间，机器学习算法的输入是标签和特征。当输入被给到特征提取器时，就可以从特征提取器获取特征。在预测期间，分类器模型的输出是一个标签，并且其输入是那些使用特征提取器获取的特征。让我们来看看用于阐述这一相同过程的流程图，如图 7-1 所示。

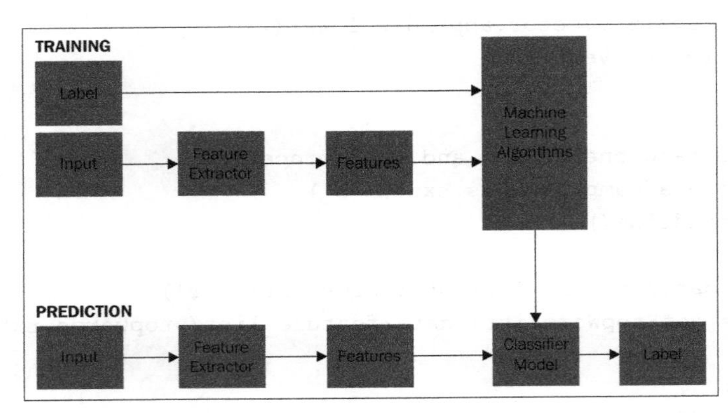

图 7-1

现在，让我们来看看如下代码，通过使用朴素贝叶斯分类器，其可用于执行情感分析：

```
NaiveBClassifier = nltk.NaiveBayesClassifier.train(training_set)
# Testing the classifier testTweet = 'I liked this book on Sentiment
Analysis a lot.'
processedTestTweet = processTweet(testTweet)
print NaiveBClassifier.classify(extract_features(getFeatureVector(proc
essedTestTweet)))
testTweet = 'I am so badly hurt'
processedTestTweet = processTweet(testTweet)
print NBClassifier.classify(extract_features(getFeatureVector(process
edTestTweet)))
```

让我们来看看如下使用最大熵执行情感分析的代码：

```
MaxEntClassifier = nltk.classify.maxent.MaxentClassifier.
train(training_set, 'GIS', trace=3, \
                    encoding=None, labels=None, sparse=True, gaussian_
prior_sigma=0, max_iter = 10)
testTweet = 'I liked the book on sentiment analysis a lot'
processedTestTweet = processTweet(testTweet)
```

```
print MaxEntClassifier.classify(extract_features(getFeatureVector(proc
essedTestTweet)))
print MaxEntClassifier.show_most_informative_features(10)
```

7.1.3 NER 系统的评估

性能指标或评估有助于展示一个 NER 系统的性能。NER 标注器的结果可以认为是一个回答，人们的一种解释称作答案要点。因此，我们提供了如下定义：

- **Correct**：如果回答与答案要点完全相同。
- **Incorrect**：如果回答与答案要点不同。
- **Missing**：如果答案要点被标注，但回答未被标注。
- **Spurious**：如果回答被标注，但答案要点未被标注。

通过使用以下参数可以评价一个基于 NER 的系统的性能：

- **精确率(P)**: P=Correct/(Correct+Incorrect+Missing)。
- **召回率(R)**: R=Correct/(Correct+Incorrect+Spurious)。
- **F 值**：F-Measure = (2*P*R)/(P+R)。

让我们来看看使用 HMM 执行 NER 的代码：

```
#******* Function to find all tags in corpus **********

def find_tag_set(tra_lines):
global tag_set

tag_set = [ ]

for line in tra_lines:
tok = line.split()
for t in tok:
wd = t.split("/")
if not wd[1] in tag_set:
tag_set.append(wd[1])

return

#******* Function to find frequency of each tag in tagged corpus
**********
```

```
def cnt_tag(tr_ln):
global start_li
global li
global tag_set
global c
global line_cnt
global lines

lines = tr_ln

start_li = [ ] # list of starting tags

find_tag_set(tr_ln)

line_cnt = 0
for line in lines:
tok = line.split()
x = tok[0].split("/")
if not x[1] in start_li:
start_li.append(x[1])
line_cnt = line_cnt + 1

find_freq_tag()

find_freq_srttag()

return

def find_freq_tag():
global tag_cnt
global tag_set
tag_cnt={}
i = 0
for w in tag_set:
cal_freq_tag(tag_set[i])
i = i + 1
tag_cnt.update({w:freq_tg})
return


def cal_freq_tag(tg):
global freq_tg
```

```
global lines
freq_tg = 0

for line in lines:
freq_tg = freq_tg + line.count(tg)

return

#******* Function to find frequency of each starting tag in tagged
corpus **********


def find_freq_srttag():
global lst
lst = {} # start probability

i = 0
for w in start_li:
cc = freq_srt_tag(start_li[i])
prob = cc / line_cnt

lst.update({start_li[i]:prob})
i = i + 1
return
def freq_srt_tag(stg):
global lines
freq_srt_tg = 0

for line in lines:

tok = line.split()
if stg in tok[0]:
freq_srt_tg = freq_srt_tg + 1
return(freq_srt_tg)

import tkinter as tk
import vit
import random
import cal_start_p
import calle_prob
import trans_mat
import time
import trans
```

```
import dict5
from tkinter import *
from tkinter import ttk
from tkinter.filedialog import askopenfilename
from tkinter.messagebox import showerror
import languagedetect1
import languagedetect3
e_dict = dict()
t_dict = dict()

def calculate1(*args):
import listbox1
def calculate2(*args):
import listbox2
def calculate3(*args):
import listbox3


def dispdlg():
global file_name
root = tk.Tk()
root.withdraw()
file_name = askopenfilename()
return

def tranhmm():
ttk.Style().configure("TButton", padding=6, relief="flat",background="
Pink",foreground="Red")
ttk.Button(mainframe, text="BROWSE", command=find_train_corpus).
grid(column=7, row=5, sticky=W)

# The following code will be used to display or accept the testing
corpus from the user.
def testhmm():
ttk.Button(mainframe, text="Develop a new testing Corpus",
command=calculate3).grid(column=9, row=5, sticky=E)

ttk.Button(mainframe, text="BROWSE", command=find_obs).grid(column=9,
row=7, sticky=E)


#In HMM, We require parameters such as Start Probability, Transition
Probability and Emission Probability. The following code is used to
```

```
calculate emission probability matrix

def cal_emit_mat():
global emission_probability
global corpus
global tlines

calle_prob.m_prg(e_dict,corpus,tlines)

emission_probability = e_dict

return

# to calculate states


def cal_states():
global states
global tlines

cal_start_p.cnt_tag(tlines)

states = cal_start_p.tag_set

return

# to take observations


def find_obs():
global observations
global test_lines
global tra
global w4
global co
global tra
global wo1
global wo2
global testl
global wo3
global te
global definitionText
global definitionScroll
```

```
global dt2
global ds2
global dt11
global ds11

wo3=[ ]
woo=[ ]
wo1=[ ]
wo2=[ ]
co=0
w4=[ ]
if(flag2!=0):
definitionText11.pack_forget()
definitionScroll11.pack_forget()
dt1.pack_forget()
ds1.pack_forget()
dispdlg()
f = open(file_name,"r+",encoding = 'utf-8')
test_lines = f.readlines()
f.close()
fname="C:/Python32/file_name1"



for x in states:
if not x in start_probability:
start_probability.update({x:0.0})
for line in test_lines:
ob = line.split()
observations = ( ob )



fe=open("C:\Python32\output3_file","w+",encoding = 'utf-8')
fe.write("")
fe.close()
ff=open("C:\Python32\output4_file","w+",encoding = 'utf-8')


ff.write("")
ff.close()
ff7=open("C:\Python32\output5_file","w+",encoding = 'utf-8')
ff7.write("")
```

```
ff7.close()
ff8=open("C:\Python32\output6_file","w+",encoding = 'utf-8')
ff8.write("")
ff8.close()
ff81=open("C:\Python32\output7_file","w+",encoding = 'utf-8')
ff81.write("")
ff81.close()
dict5.search_obs_train_corpus(file1,fname,tlines,test_
lines,observations, states, start_probability, transition_probability,
emission_probability)

f20 = open("C:\Python32\output5_file","r+",encoding = 'utf-8')
te = f20.readlines()
tee=f20.read()
f = open(fname,"r+",encoding = 'utf-8')
train_llines = f.readlines()



ds11 = Scrollbar(root)
dt11 = Text(root, width=10, height=20,fg='black',bg='pink',yscrollcom
mand=ds11.set)
ds11.config(command=dt11.yview)
dt11.insert("1.0",train_llines)
dt11.insert("1.0","\n")
dt11.insert("1.0","\n")

dt11.insert("1.0","******TRAINING SENTENCES******")


    # an example of how to add new text to the text area
dt11.pack(padx=10,pady=150)
ds11.pack(padx=10,pady=150)

ds11.pack(side=LEFT, fill=BOTH)
dt11.pack(side=LEFT, fill=BOTH, expand=True)

ds2 = Scrollbar(root)
dt2 = Text(root, width=10, height=10,fg='black',bg='pink',yscrollcomm
and=ds2.set)
ds2.config(command=dt2.yview)
dt2.insert("1.0",test_lines)
dt2.insert("1.0","\n")
```

```
dt2.insert("1.0","\n")
dt2.insert("1.0","*********TESTING SENTENCES*********")



    # an example of how to add new text to the text area
dt2.pack(padx=10,pady=150)
ds2.pack(padx=10,pady=150)

ds2.pack(side=LEFT, fill=BOTH)
dt2.pack(side=LEFT, fill=BOTH, expand=True)


definitionScroll = Scrollbar(root)
definitionText = Text(root, width=10, height=10,fg='black',bg='pink',y
scrollcommand=definitionScroll.set)
definitionScroll.config(command=definitionText.yview)
definitionText.insert("1.0",te)
definitionText.insert("1.0","\n")
definitionText.insert("1.0","\n")
definitionText.insert("1.0","*********OUTPUT*********")



    # an example of how to add new text to the text area
definitionText.pack(padx=10,pady=150)
definitionScroll.pack(padx=10,pady=150)

definitionScroll.pack(side=LEFT, fill=BOTH)
definitionText.pack(side=LEFT, fill=BOTH, expand=True)

l = tk.Label(root, text="NOTE:*****The Entities which are not tagged
in Output are not Named Entities*****" , fg='black', bg='pink')
l.place(x = 500, y = 650, width=500, height=25)



    #ttk.Button(mainframe, text="View Parameters", command=parame).
grid(column=11, row=10, sticky=E)
    #definitionText.place(x= 19, y = 200,height=25)

f20.close()
```

```
f14 = open("C:\Python32\output2_file","r+",encoding = 'utf-8')
testl = f14.readlines()
for lines in testl:
toke = lines.split()
for t in toke:
w4.append(t)
f14.close()
f12 = open("C:\Python32\output_file","w+",encoding = 'utf-8')
f12.write("")
f12.close()


ttk.Button(mainframe, text="SAVE OUTPUT", command=save_output).
grid(column=11, row=7, sticky=E)
ttk.Button(mainframe, text="NER EVALUATION", command=evaluate).
grid(column=13, row=7, sticky=E)
ttk.Button(mainframe, text="REFRESH", command=ref).grid(column=15,
row=7, sticky=E)

return
def ref():
root.destroy()
import new1
return
```

让我们来看看如下 Python 中的代码，它将用于评估通过 HMM 来执行 NER 后所生成的输出结果：

```
def evaluate():
global wDict
global woe
global woe1
global woe2
woe1=[ ]
woe=[ ]
woe2=[ ]
ws=[ ]
wDict = {}
i=0
    j=0
    k=0
sp=0
f141 = open("C:\Python32\output1_file","r+",encoding = 'utf-8')
```

```
tesl = f141.readlines()
for lines in tesl:
toke = lines.split()
for t in toke:
ws.append(t)
if t in wDict: wDict[t] += 1
else: wDict[t] = 1
for line in tlines:
tok = line.split()

for t in tok:
wd = t.split("/")
if(wd[1]!='OTHER'):
if t in wDict: wDict[t] += 1
else: wDict[t] = 1
print ("words in train corpus ",wDict)
for key in wDict:
i=i+1
print("total words in Dictionary are:",i)
for line in train_lines:
toe=line.split()
for t1 in toe:
if '/' not in t1:
sp=sp+1
woe2.append(t1)
print("Spurious words are")
for w in woe2:
print(w)
print("Total spurious words are:",sp)
for l in te:
to=l.split()
for t1 in to:
if '/' in t1:
                #print(t1)
if t1 in ws or t1 in wDict:
woe.append(t1)
                    j=j+1
if t1 not in wDict:
wdd=t1.split("/")
if wdd[0] not in woe2:
woe1.append(t1)
                        k=k+1
print("Word found in Dict are:")
```

```
for w in woe:
print(w)
print("Word not found in Dict are:")
for w in woe1:
print(w)
print("Total correctly tagged words are:",j)
print("Total incorrectly tagged words are:",k)
pr=(j)/(j+k)
re=(j)/(j+k+sp)
f141.close()
root=Tk()
root.title("NER EVALUATION")
root.geometry("1000x1000")

ds21 = Scrollbar(root)
dt21 = Text(root, width=10, height=10,fg='black',bg='pink',yscrollcom
mand=ds21.set)
ds21.config(command=dt21.yview)
dt21.insert("1.0",(2*pr*re)/(pr+re))
dt21.insert("1.0","\n")
dt21.insert("1.0","F-MEASURE=")
dt21.insert("1.0","\n")
dt21.insert("1.0","F-MEASURE=(2*PRECISION*RECALL)/(PRECISION+RECALL)")
dt21.insert("1.0","\n")
dt21.insert("1.0","\n")
dt21.insert("1.0",re)
dt21.insert("1.0","RECALL=")
dt21.insert("1.0","\n")
dt21.insert("1.0","RECALL= CORRECT/(CORRECT +INCORRECT +SPURIOUS)")
dt21.insert("1.0","\n")
dt21.insert("1.0","\n")
dt21.insert("1.0",pr)
dt21.insert("1.0","PRECISION=")
dt21.insert("1.0","\n")
dt21.insert("1.0","PRECISION= CORRECT/(CORRECT +INCORRECT +MISSING)")
dt21.insert("1.0","\n")
dt21.insert("1.0","\n")
dt21.insert("1.0","Total No. of Missing words are: 0")
dt21.insert("1.0","\n")
dt21.insert("1.0","\n")
dt21.insert("1.0",sp)
dt21.insert("1.0","Total No. of Spurious Words are:")
dt21.insert("1.0","\n")
```

```
for w in woe2:
dt21.insert("1.0",w)
dt21.insert("1.0"," ")
dt21.insert("1.0","Total Spurious Words are:")
dt21.insert("1.0","\n")
dt21.insert("1.0","\n")
dt21.insert("1.0",k)
dt21.insert("1.0","Total No. of Incorrectly tagged words are:")
dt21.insert("1.0","\n")
for w in woe1:
dt21.insert("1.0",w)
dt21.insert("1.0"," ")
dt21.insert("1.0","Total Incorrectly tagged words are:")
dt21.insert("1.0","\n")
dt21.insert("1.0","\n")
dt21.insert("1.0",j)
dt21.insert("1.0","Total No. of Correctly tagged words are:")
dt21.insert("1.0","\n")
for w in woe:
dt21.insert("1.0",w)
dt21.insert("1.0"," ")
dt21.insert("1.0","Total Correctly tagged words are:")
dt21.insert("1.0","\n")
dt21.insert("1.0","\n")
dt21.insert("1.0","***************PERFORMANCE EVALUATION OF
NERHMM***************")


    # an example of how to add new text to the text area
dt21.pack(padx=5,pady=5)
ds21.pack(padx=5,pady=5)
ds21.pack(side=LEFT, fill=BOTH)
dt21.pack(side=LEFT, fill=BOTH, expand=True)
root.mainloop()
return
def save_output():
    #dispdlg()
f = open("C:\Python32\save","w+",encoding = 'utf-8')
f20 = open("C:\Python32\output5_file","r+",encoding = 'utf-8')
te = f20.readlines()
for t in te:
f.write(t)
```

```
f.close()
f20.close()

# to calculate start probability matrix

def cal_srt_prob():
global start_probability

start_probability = cal_start_p.lst

return

# to print vitarbi parameter if required

def pr_param():
l1 = tk.Label(root, text="HMM Training is going on.....Don't Click any
Button!!",fg='black',bg='pink')
l1.place(x = 300, y = 150,height=25)

print("states")
print(states)
print(" ")
print(" ")
print("start probability")
print(start_probability)
print(" ")
print(" ")
print("transition probability")
print(transition_probability)
print(" ")
print(" ")
print("emission probability")
print(emission_probability)
l1 = tk.Label(root, text="
")
l1.place(x = 300, y = 150,height=25)
global flag1
    flag1=0
global flag2
    flag2=0
ttk.Button(mainframe, text="View Parameters", command=parame).
grid(column=7, row=5, sticky=W)
return
```

```
def parame():
global flag2
    flag2=flag1+1
global definitionText11
global definitionScroll11
definitionScroll11 = Scrollbar(root)
definitionText11 = Text(root, width=10, height=10,fg='black',bg='pink'
,yscrollcommand=definitionScroll11.set)

    #definitionText.place(x= 19, y = 200,height=25)
definitionScroll11.config(command=definitionText11.yview)

definitionText11.delete("1.0", END) # an example of how to delete
all current text
definitionText11.insert("1.0",emission_probability )
definitionText11.insert("1.0","\n")
definitionText11.insert("1.0","Emission Probability")
definitionText11.insert("1.0","\n")
definitionText11.insert("1.0",transition_probability)
definitionText11.insert("1.0","Transition Probability")
definitionText11.insert("1.0","\n")
definitionText11.insert("1.0",start_probability)
definitionText11.insert("1.0","Start Probability")

    # an example of how to add new text to the text area
definitionText11.pack(padx=10,pady=175)
definitionScroll11.pack(padx=10,pady=175)

definitionScroll11.pack(side=LEFT, fill=BOTH)
definitionText11.pack(side=LEFT, fill=BOTH, expand=True)

return

# to calculate transition probability matrix


def cat_trans_prob():
global transition_probability
global corpus
global tlines

trans_mat.main_prg(t_dict,corpus,tlines)
```

```
transition_probability = t_dict
return

def find_train_corpus():
global train_lines
global tlines
global c
global corpus
global words1
global w1
global train1
global fname
global file1
global ds1
global dt1
global w21
words1=[ ]
    c=0
w1=[ ]
w21=[ ]
f11 = open("C:\Python32\output1_file","w+",encoding='utf-8')
f11.write("")
f11.close()
fr = open("C:\Python32\output_file","w+",encoding='utf-8')
fr.write("")
fr.close()
fgl=open("C:\Python32\ladetect1","w+",encoding = 'utf-8')
fgl.write("")
fgl.close()

fgl=open("C:\Python32\ladetect","w+",encoding = 'utf-8')
fgl.write("")
fgl.close()
dispdlg()
f = open(file_name,"r+",encoding = 'utf-8')
train_lines = f.readlines()

ds1 = Scrollbar(root)
dt1 = Text(root, width=10, height=10,fg='black',bg='pink',yscrollcomm
and=ds1.set)
ds1.config(command=dt1.yview)
dt1.insert("1.0",train_lines)
dt1.insert("1.0","\n")
```

```
dt1.insert("1.0","\n")
dt1.insert("1.0","*********TRAINING SENTENCES*********")


    # an example of how to add new text to the text area
dt1.pack(padx=10,pady=175)
ds1.pack(padx=10,pady=175)

ds1.pack(side=LEFT, fill=BOTH)
dt1.pack(side=LEFT, fill=BOTH, expand=True)
fname="C:/Python32/file_name1"
f = open(file_name,"r+",encoding = 'utf-8')
    file1=file_name
p = open(fname,"w+",encoding = 'utf-8')

corpus = f.read()
for line in train_lines:
tok = line.split()
for t in tok:
n=t.split()

le=len(t)
i=0
             j=0
for n1 in n:
while(j<le):

if(n1[j]!='/'):
i=i+1
               j=j+1
else:
               j=j+1
if(i==le):
p.write(t)
p.write("/OTHER ") #Handling Spurious words
else:
p.write(t)
p.write(" ")

p.write("\n")
```

```
p.close()
fname="C:/Python32/file_name1"
f00 = open(fname,"r+",encoding = 'utf-8')
tlines = f00.readlines()
for line in tlines:
tok = line.split()
for t in tok:
wd = t.split("/")
if(wd[1]!='OTHER'):
if not wd[0] in words1:
words1.append(wd[0])
w1.append(wd[1])
f00.close()

f157 = open("C:\Python32\input_file","w+",encoding='utf-8')
f157.write("")
f157.close()
f1 = open("C:\Python32\input_file","w+",encoding='utf-8') #input_
file has list of Named Entities of training file
for w in words1:
f1.write(w)
f1.write("\n")
f1.close()
fr=open("C:\Python32\detect","w+",encoding = 'utf-8')
fr.write("")
fr.close()

f.close()
f.close()

cal_states()
cal_emit_mat()
cal_srt_prob()
cat_trans_prob()
pr_param()

return

root=Tk()
root.title("NAMED ENTITY RECOGNITION IN NATURAL LANGUAGES USING HIDDEN
MARKOV MODEL")
root.geometry("1000x1000")
```

```
mainframe = ttk.Frame(root, padding="20 20 12 12")
mainframe.grid(column=0, row=0, sticky=(N, W, E, S))

b=StringVar()
a=StringVar()

ttk.Style().configure("TButton", padding=6, relief="flat",background="
Pink", foreground="Red")
ttk.Button(mainframe, text="ANNOTATION", command=calculate1).
grid(column=5, row=3, sticky=W)

ttk.Button(mainframe, text="TRAIN HMM", command=tranhmm).
grid(column=7, row=3, sticky=E)

ttk.Button(mainframe, text="TEST HMM", command=testhmm).grid(column=9,
row=3, sticky=E)

ttk.Button(mainframe, text="HELP", command=hmmhelp).grid(column=11,
row=3, sticky=E)


# To call viterbi for particular observations find in find_obs

def call_vitar():
global test_lines
global train_lines
global corpus
global observations
global states
global start_probability
global transition_probability
global emission_probability

find_train_corpus()
cal_states()
find_obs()
cal_emit_mat()
cal_srt_prob()
cat_trans_prob()

    # print("Vitarbi Parameters are for selected corpus")
    # pr_param()
     # ----------------To add all states not in start probability ---
```

```
-------------

for x in states:
if not x in start_probability:
start_probability.update({x:0.0})

for line in test_lines:

ob = line.split()
observations = ( ob )
print(" ")
print(" ")
print(line)
print("**************************")
print(vit.viterbi(observations, states, start_probability, transition_
probability, emission_probability),bg='Pink',fg='Red')
return


root.mainloop()
```

以上 Python 代码展示了如何通过 HMM 来执行 NER，以及如何使用性能指标（精确率、召回率和 F 值）来评估一个 NER 系统的性能。

7.2 小结

在本章中，我们讨论了使用 NER 和机器学习技术进行的情感分析。此外我们还讨论了基于 NER 的系统的评估。

在下一章中，我们将会讨论信息检索、文本摘要、停止词删除以及问答系统等。

第 8 章
信息检索：访问信息

信息检索是自然语言处理的众多应用之一。信息检索可以定义为检索用户一次查询所对应的相关信息（例如，单词 Ganga 在文档中所出现的次数）的过程。

本章将涵盖以下主题：

- 信息检索简介。
- 停止词删除。
- 使用向量空间模型进行信息检索。
- 向量空间评分及查询操作符关联。
- 使用隐性语义索引开发一个 IR 系统。
- 文本摘要。
- 问答系统。

8.1 信息检索简介

信息检索可以定义为检索最合适的信息作为用户查询响应的过程。在信息检索中，搜索是基于元数据或基于上下文的索引进行的。Google 搜索就是信息检索的一个例子，其中对于用户的每一次查询，Google 搜索都会基于所使用的信息检索算法为其提供一个响应。信息检索算法使用了索引机制，其所使用的索引机制被称为倒排索引。为了执行信息检索任务，信息检索（IR）系统会建立一个索引标记列表。

布尔检索是一种信息检索任务，在该任务中，布尔操作符被应用在标记列表上以便检索相关的信息。

信息检索任务的准确度是依据精确率和召回率来度量的。

假定一个给定的信息检索系统执行一次查询时返回 X 个文档。但是需要返回的实际或黄金文档集个数是 Y。

召回率可以定义为信息检索系统所查找到的部分黄金文档数。它也可以定义为真正类与真正类和假负类的并集之比。

Recall (R) = (X ∩ Y) / Y

精确率可以定义为信息检索系统检测到并且正确的部分文档数。

Precision (P) = (X ∩ Y) / X

F 值可以定义为精确率和召回率的调合平均值。

F-Measure = 2 * (X ∩ Y) / (X + Y)

8.1.1 停止词删除

在执行信息检索任务时，检测文档中的停止词并删除它们是至关重要的。

让我们来看看如下 NLTK 中的代码，其用于获取英文中可以被检测到的停止词集合。

```
>>> import nltk
>>> from nltk.corpus import stopwords
>>> stopwords.words('english')
['i', 'me', 'my', 'myself', 'we', 'our', 'ours', 'ourselves', 'you',
'your', 'yours', 'yourself', 'yourselves', 'he', 'him', 'his',
'himself', 'she', 'her', 'hers', 'herself', 'it', 'its', 'itself',
'they', 'them', 'their', 'theirs', 'themselves', 'what', 'which',
'who', 'whom', 'this', 'that', 'these', 'those', 'am', 'is', 'are',
'was', 'were', 'be', 'been', 'being', 'have', 'has', 'had', 'having',
'do', 'does', 'did', 'doing', 'a', 'an', 'the', 'and', 'but', 'if',
'or', 'because', 'as', 'until', 'while', 'of', 'at', 'by', 'for',
'with', 'about', 'against', 'between', 'into', 'through', 'during',
'before', 'after', 'above', 'below', 'to', 'from', 'up', 'down', 'in',
'out', 'on', 'off', 'over', 'under', 'again', 'further', 'then',
'once', 'here', 'there', 'when', 'where', 'why', 'how', 'all', 'any',
'both', 'each', 'few', 'more', 'most', 'other', 'some', 'such', 'no',
'nor', 'not', 'only', 'own', 'same', 'so', 'than', 'too', 'very', 's',
't', 'can', 'will', 'just', 'don', 'should', 'now']
```

NLTK 包含一个由 2400 个停止词（涉及 11 种不同语言）所组成的停止词语料库。

让我们来看看下面 NLTK 中的代码，其可用于找出一篇文章中那些不是停止词的单词个数。

```
>>> def not_stopwords(text):
    stopwords = nltk.corpus.stopwords.words('english')
    content = [w for w in text if w.lower() not in stopwords]
    return len(content) / len(text)

>>> not_stopwords(nltk.corpus.reuters.words())
0.7364374824583169
```

让我们来看看下面 NLTK 中的代码，其可用于从给定的文本中删除停止词。这里，在删除停止词之前调用了 `lower()` 函数，以便使形如 A 这样的大写字母的停止词首先转换为小写字母，然后再去除停止词。

```
import nltk
from collections import Counter
import string
from nltk.corpus import stopwords

def get_tokens():
    with open('/home/d/TRY/NLTK/STOP.txt') as stopl:
        tokens = nltk.word_tokenize(stopl.read().lower().
translate(None, string.punctuation))
    return tokens

if __name__ == "__main__":

    tokens = get_tokens()
    print("tokens[:20]=%s") %(tokens[:20])

    count1 = Counter(tokens)
    print("before: len(count1) = %s") %(len(count1))

    filtered1 = [w for w in tokens if not w in stopwords.
words('english')]

    print("filtered1 tokens[:20]=%s") %(filtered1[:20])

    count1 = Counter(filtered1)
    print("after: len(count1) = %s") %(len(count1))
```

```
print("most_common = %s") %(count.most_common(10))

tagged1 = nltk.pos_tag(filtered1)
print("tagged1[:20]=%s") %(tagged1[:20])
```

8.1.2 使用向量空间模型进行信息检索

在向量空间模型中，所有的文档都使用向量来表示。将文档表示为向量的方法之一是使用 TF-IDF（词频–反文档频率，Term Frequency-Inverse Document Frequency）。

词频可以被定义为一个给定的标识符在文档中出现的总数除以该文档中标识符的总数。它也可以被定义为给定文档中某些特征项出现的频率。

词频（TF）的公式如下：

$TF(t,d) = 0.5 + (0.5 * f(t,d)) / max \{f(w,d) : w \epsilon d\}$

IDF 可以认为是反文档频率，也可以认为其是语料库中包含给定特征项的文档数目。

通过将给定的语料库中存在的文档总数除以包含某特定标识符的文档数，再取商的对数就可以计算 IDF。

$IDF(t,D)$的公式可以表示如下：

$IDF(t,D)= log(N/\{d \epsilon D : t \epsilon d\})$

通过将以上两个评分相乘可以获取 TF-IDF 评分，表示如下：

$TF\text{-}IDF(t, d, D) = TF(t,d) * IDF(t,D)$

TF-IDF 提供了一个特征项在给定的文档中出现频率的估计以及该特征项在语料库中出现的总次数。

为了计算一篇给定文档的 TF-IDF，需要执行如下步骤：

- 文档切分。
- 计算向量空间模型。
- 计算每个文档的 TF-IDF。

文档切分是一个首先将文本切分为句子，然后再将独立的句子切分为单词的过程。之后我们可以删除在信息检索的过程中没有意义的单词（也叫停止词）。

让我们来看看下面的代码，其可用于对语料库中的每个文档执行切分：

```
authen = OAuthHandler(CLIENT_ID, CLIENT_SECRET, CALLBACK)
authen.set_access_token(ACCESS_TOKEN)
ap = API(authen)


venue = ap.venues(id='4bd47eeb5631c9b69672a230')
stopwords = nltk.corpus.stopwords.words('english')
tokenizer = RegexpTokenizer("[\w']+", flags=re.UNICODE)


def freq(word, tokens):
return tokens.count(word)


#Compute the frequency for each term.
vocabulary = []
docs = {}
all_tips = []
for tip in (venue.tips()):
tokens = tokenizer.tokenize(tip.text)

bitokens = bigrams(tokens)
tritokens = trigrams(tokens)
tokens = [token.lower() for token in tokens if len(token) > 2]
tokens = [token for token in tokens if token not in stopwords]

bitokens = [' '.join(token).lower() for token in bitokens]
bitokens = [token for token in bitokens if token not in stopwords]

tritokens = [' '.join(token).lower() for token in tritokens]
tritokens = [token for token in tritokens if token not in stopwords]

ftokens = []
ftokens.extend(tokens)
ftokens.extend(bitokens)
ftokens.extend(tritokens)
docs[tip.text] = {'freq': {}}

for token in ftokens:
docs[tip.text]['freq'][token] = freq(token, ftokens)

print docs
```

当文档被切分之后，下一个需要执行的步骤是 tf 向量的标准化。让我们来看看下面用于执行 tf 向量标准化的代码：

```
authen = OAuthHandler(CLIENT_ID, CLIENT_SECRET, CALLBACK)
authen.set_access_token(ACCESS_TOKEN)
ap = API(auth)


venue = ap.venues(id='4bd47eeb5631c9b69672a230')
stopwords = nltk.corpus.stopwords.words('english')
tokenizer = RegexpTokenizer("[\w']+", flags=re.UNICODE)


def freq(word, tokens):
return tokens.count(word)


def word_count(tokens):
return len(tokens)


def tf(word, tokens):
return (freq(word, tokens) / float(word_count(tokens)))

#Compute the frequency for each term.
vocabulary = []
docs = {}
all_tips = []
for tip in (venue.tips()):
tokens = tokenizer.tokenize(tip.text)

bitokens = bigrams(tokens)
tritokens = trigrams(tokens)
tokens = [token.lower() for token in tokens if len(token) > 2]
tokens = [token for token in tokens if token not in stopwords]

bitokens = [' '.join(token).lower() for token in bitokens]
bitokens = [token for token in bitokens if token not in stopwords]

tritokens = [' '.join(token).lower() for token in tritokens]
tritokens = [token for token in tritokens if token not in stopwords]

ftokens = []
```

```
ftokens.extend(tokens)
ftokens.extend(bitokens)
ftokens.extend(tritokens)
docs[tip.text] = {'freq': {}, 'tf': {}}

for token in ftokens:
        #The Computed Frequency
docs[tip.text]['freq'][token] = freq(token, ftokens)
        # Normalized Frequency
docs[tip.text]['tf'][token] = tf(token, ftokens)


print docs
```

我们来看看以下用于计算 TF-IDF 值的代码：

```
authen = OAuthHandler(CLIENT_ID, CLIENT_SECRET, CALLBACK)
authen.set_access_token(ACCESS_TOKEN)
ap = API(authen)


venue = ap.venues(id='4bd47eeb5631c9b69672a230')
stopwords = nltk.corpus.stopwords.words('english')
tokenizer = RegexpTokenizer("[\w']+", flags=re.UNICODE)


def freq(word, doc):
return doc.count(word)


def word_count(doc):
return len(doc)


def tf(word, doc):
return (freq(word, doc) / float(word_count(doc)))


def num_docs_containing(word, list_of_docs):
count = 0
for document in list_of_docs:
if freq(word, document) > 0:
count += 1
```

```
return 1 + count


def idf(word, list_of_docs):
return math.log(len(list_of_docs) /
float(num_docs_containing(word, list_of_docs)))


#Compute the frequency for each term.
vocabulary = []
docs = {}
all_tips = []
for tip in (venue.tips()):
tokens = tokenizer.tokenize(tip.text)

bitokens = bigrams(tokens)
tritokens = trigrams(tokens)
tokens = [token.lower() for token in tokens if len(token) > 2]
tokens = [token for token in tokens if token not in stopwords]

bitokens = [' '.join(token).lower() for token in bitokens]
bitokens = [token for token in bitokens if token not in stopwords]

tritokens = [' '.join(token).lower() for token in tritokens]
tritokens = [token for token in tritokens if token not in stopwords]

ftokens = []
ftokens.extend(tokens)
ftokens.extend(bitokens)
ftokens.extend(tritokens)
docs[tip.text] = {'freq': {}, 'tf': {}, 'idf': {}}

for token in ftokens:
        #The frequency computed for each tip
docs[tip.text]['freq'][token] = freq(token, ftokens)
        #The term-frequency (Normalized Frequency)
docs[tip.text]['tf'][token] = tf(token, ftokens)

vocabulary.append(ftokens)

for doc in docs:
for token in docs[doc]['tf']:
        #The Inverse-Document-Frequency
```

```
docs[doc]['idf'][token] = idf(token, vocabulary)

print docs
```

可以通过找出 TF 和 IDF 的乘积来计算 TF-IDF 值。当出现高特征项频率和低文档频率时，计算所得到的 TF-IDF 值就比较大。

让我们来看看如下的代码，其用于计算文档中每个特征项的 TF-IDF 值：

```
authen = OAuthHandler(CLIENT_ID, CLIENT_SECRET, CALLBACK)
authen.set_access_token(ACCESS_TOKEN)
ap = API(authen)


venue = ap.venues(id='4bd47eeb5631c9b69672a230')
stopwords = nltk.corpus.stopwords.words('english')
tokenizer = RegexpTokenizer("[\w']+", flags=re.UNICODE)


def freq(word, doc):
return doc.count(word)


def word_count(doc):
return len(doc)


def tf(word, doc):
return (freq(word, doc) / float(word_count(doc)))


def num_docs_containing(word, list_of_docs):
count = 0
for document in list_of_docs:
if freq(word, document) > 0:
count += 1
return 1 + count


def idf(word, list_of_docs):
return math.log(len(list_of_docs) /
float(num_docs_containing(word, list_of_docs)))


def tf_idf(word, doc, list_of_docs):
```

```
return (tf(word, doc) * idf(word, list_of_docs))

#Compute the frequency for each term.
vocabulary = []
docs = {}
all_tips = []
for tip in (venue.tips()):
tokens = tokenizer.tokenize(tip.text)

bitokens = bigrams(tokens)
tritokens = trigrams(tokens)
tokens = [token.lower() for token in tokens if len(token) > 2]
tokens = [token for token in tokens if token not in stopwords]

bitokens = [' '.join(token).lower() for token in bitokens]
bitokens = [token for token in bitokens if token not in stopwords]

tritokens = [' '.join(token).lower() for token in tritokens]
tritokens = [token for token in tritokens if token not in stopwords]

ftokens = []
ftokens.extend(tokens)
ftokens.extend(bitokens)
ftokens.extend(tritokens)
docs[tip.text] = {'freq': {}, 'tf': {}, 'idf': {},
                        'tf-idf': {}, 'tokens': []}

for token in ftokens:
        #The frequency computed for each tip
docs[tip.text]['freq'][token] = freq(token, ftokens)
        #The term-frequency (Normalized Frequency)
docs[tip.text]['tf'][token] = tf(token, ftokens)
docs[tip.text]['tokens'] = ftokens
vocabulary.append(ftokens)

for doc in docs:
for token in docs[doc]['tf']:
        #The Inverse-Document-Frequency
docs[doc]['idf'][token] = idf(token, vocabulary)
        #The tf-idf
docs[doc]['tf-idf'][token] = tf_idf(token, docs[doc]['tokens'],
vocabulary)

#Now let's find out the most relevant words by tf-idf.
words = {}
```

```
for doc in docs:
for token in docs[doc]['tf-idf']:
if token not in words:
words[token] = docs[doc]['tf-idf'][token]
else:
if docs[doc]['tf-idf'][token] > words[token]:
words[token] = docs[doc]['tf-idf'][token]

for item in sorted(words.items(), key=lambda x: x[1], reverse=True):
print "%f <= %s" % (item[1], item[0])
```

让我们来看看如下可用于映射关键词到向量维数的代码：

```
>>> def getVectkeyIndex(self,documentList):
    vocabString=" ".join(documentList)
    vocabList=self.parser.tokenise(vocabString)
    vocabList=self.parser.removeStopWords(vocabList)
    uniquevocabList=util.removeDuplicates(vocabList)
    vectorIndex={}
    offset=0

for word in uniquevocabList:
        vectorIndex[word]=offset
        offset+=1
return vectorIndex
```

让我们来看看如下可用于映射文档字符串到向量的代码：

```
>>> def makeVect(self,wordString):
    vector=[0]*len(self.vectorkeywordIndex)
    wordList=self.parser.tokenise(wordString)
    wordList=self.parser.removeStopWords(wordList)
    for word in wordList:
        vector[self.vectorkeywordIndex[word]]+=1;
return vector
```

8.2 向量空间评分及查询操作符关联

向量空间模型以词组向量的形式来表示意义。使用线性代数可以很容易地构建一个向量空间模型。因此，可以很容易地计算出向量间的相似度。

向量大小用于表示我们所使用的代表了特定上下文的向量的大小。对于上下文建模，可以使用基于窗口的方法和基于依赖的方法。在基于窗口的方法中，根据特定大小的窗口内出现的单词来确定上下文；在基于依赖的方法中，当存在一个单词与其相应的目标词具有特定的句法关系时，就可以确定上下文。可以对特征或上下文单词执行词干提取和词形还原。相似性度量可用于计算两个向量之间的相似性。

Let's see the following list of similarity metrics：

Measure	**Definition**
Euclidean	$\frac{1}{1+\sqrt{\sum_{i=1}^{n}(u_i-v_i)^2}}$
Cityblock	$\frac{1}{1+\sum_{i=1}^{n}\lvert u_i-v_i\rvert}$
Chebyshev	$\frac{1}{1+\max_i \lvert u_i-v_i\rvert}$
Cosine	$\frac{u.v}{\lvert u\rvert\lvert v\rvert}$
Correlation	$\frac{(u-\mu_u).(v-\mu_v)}{\lvert u\rvert\lvert v\rvert}$
Dice	$\frac{2\sum_{i=0}^{n} min(u_i,v_i)}{\sum_{i=0}^{n} u_i+v_i}$
Jaccard	$\frac{u.v}{\sum_{i=0}^{n} u_i+v_i}$
Jaccard2	$\frac{\sum_{i=0}^{n} min(u_i,v_i)}{\sum_{i=0}^{n} max(u_i,v_i)}$
Lin	$\frac{\sum_{i=0}^{n} u_i+v_i}{\lvert u\rvert+\lvert v\rvert}$
Tanimoto	$\frac{u.v}{\lvert u\rvert+\lvert v\rvert-u.v}$
Jensen-Shannon Div	$1-\frac{\frac{1}{2}\left(D\left(u\left\Vert\frac{u+v}{2}\right.\right)+D\left(v\left\Vert\frac{u+v}{2}\right.\right)\right)}{\sqrt{2\log 2}}$
α-skew	$1-\frac{D(u\Vert\alpha v+(1-\alpha)u)}{\sqrt{2\log 2}}$

加权方案是另一个非常重要的术语，因为它提供了给定上下文中与目标词更相关的信息。

让我们来看看可以想到的加权方案列表：

Scheme	Definition
None	$w_{ij}=f_{ij}$
TF-IDF	$w_{ij}=\log(f_{ij})\times\log\left(\frac{N}{n_j}\right)$
TF-ICF	$w_{ij}=\log(f_{ij})\times\log\left(\frac{N}{f_j}\right)$
Okapi BM25	$w_{ij}=\frac{f_{ij}}{0.5+1.5\times\frac{f_j}{\frac{f_j}{j}}+f_{ij}}\log\frac{N-n_j+0.5}{f_{ij}+0.5}$
ATC	$w_{ij}=\frac{\left(0.5+0.5\times\frac{f_{ij}}{\max_f}\right)\log\left(\frac{N}{n_j}\right)}{\sqrt{\sum_{i=1}^{N}\left[0.5+0.5\times\frac{f_{ij}}{\max_f}\log\left(\frac{N}{n_j}\right)\right]^2}}$
LTU	$w_{ij}=\frac{(\log(f_{ij})+1.0)\log\left(\frac{N}{n_j}\right)}{0.8+0.2\times f_j\times\frac{j}{f_j}}$
MI	$w_{ij}=\log\frac{P(t_{ij}\mid c_j)}{P(t_{ij})P(c_j)}$
PosMI	max(0,*MI*)
T-Test	$w_{ij}=\frac{p(t_{ij}\mid c_j)-P(t_{ij})P(c_j)}{\sqrt{P(t_{ij})P(c_j)}}$
χ^2	*See*(*Curran*,2004,p.83)

续表

Scheme	Definition
Lin98a	$w_{ij} = \frac{f_{ij} \times f}{f_i \times f_j}$
Lin98b	$w_{ij} = -1 \times \log \frac{n_j}{N}$
Gref 94	$w_{ij} = \frac{\log f_{ij} + 1}{\log n_i + 1}$

8.3 使用隐性语义索引开发 IR 系统

在最小训练集的帮助下，隐性语义索引可用于执行文本分类。

隐性语义索引是一种可用于处理文本的技术，它可以执行以下任务：

- 文本自动分类。
- 概念信息检索。
- 跨语言信息检索。

隐性语义方法可以认为是一种信息检索和索引的方法，它使用了一种被称为奇异值矩阵分解（Singular Value Decomposition，SVD）的数学方法。SVD 用于模式（与给定的非结构化文本中的概念具有特定关系）的识别。

隐性语义索引的一些应用如下：

- 信息探索。
- 文档自动分类与文本摘要（电子探索、出版）。
- 关系探索。
- 自动生成个人和组织的链接图表。
- 将技术论文和资助与审阅者相匹配。
- 在线客服。
- 确定文档作者身份。

- 自动标注图像关键词。
- 理解软件源代码。
- 过滤垃圾邮件。
- 信息可视化。
- 论文评分。
- 基于文献的知识探索。

8.4 文本摘要

文本摘要是为一个给定的长文本生成摘要的过程。基于 Luhn 出版的著作 *The Automatic Creation of Literature Abstracts*（1958），人们开发了一种被称作 NaiveSumm 的朴素归纳方法。它使用单词的频率来完成句子的计算和提取，这些句子由出现频率最高的单词组成。使用该方法，就可以通过提取少量特定的句子来完成文本摘要。

让我们来看看如下 NLTK 中可用于执行文本摘要的代码：

```
from nltk.tokenize import sent_tokenize,word_tokenize
from nltk.corpus import stopwords
from collections import defaultdict
from string import punctuation
from heapq import nlargest

class Summarize_Frequency:
  def __init__(self, cut_min=0.2, cut_max=0.8):
    """
     Initilize the text summarizer.
     Words that have a frequency term lower than cut_min
     or higer than cut_max will be ignored.
    """
    self._cut_min = cut_min
    self._cut_max = cut_max
    self._stopwords = set(stopwords.words('english') +
list(punctuation))

  def _compute_frequencies(self, word_sent):
    """
     Compute the frequency of each of word.
```

```
      Input:
       word_sent, a list of sentences already tokenized.
      Output:
       freq, a dictionary where freq[w] is the frequency of w.
    """
    freq = defaultdict(int)
    for s in word_sent:
      for word in s:
        if word not in self._stopwords:
          freq[word] += 1
    # frequencies normalization and filtering
    m = float(max(freq.values()))
    for w in freq.keys():
      freq[w] = freq[w]/m
      if freq[w] >= self._cut_max or freq[w] <= self._cut_min:
        del freq[w]
    return freq

  def summarize(self, text, n):
    """
list of (n) sentences are returned.
summary of text is returned.
    """
    sents = sent_tokenize(text)
    assert n <= len(sents)
    word_sent = [word_tokenize(s.lower()) for s in sents]
    self._freq = self._compute_frequencies(word_sent)
    ranking = defaultdict(int)
    for i,sent in enumerate(word_sent):
      for w in sent:
        if w in self._freq:
          ranking[i] += self._freq[w]
    sents_idx = self._rank(ranking, n)
    return [sents[j] for j in sents_idx]

  def _rank(self, ranking, n):
    """ return the first n sentences with highest ranking """
    return nlargest(n, ranking, key=ranking.get)
```

在执行信息检索任务的过程中，以上代码计算了每个单词的词频，出现频率最高的单词如限定词等没有多大用处，因此可以删除。

8.5　问答系统

问答系统指的是智能系统，基于存储在知识库中的某些事实或规则，其可用于为用户的提问提供答案。因此一个问答系统提供正确答案的准确率取决于存储在知识库中的规则或事实。

问答系统中涉及的众多难题之一便是如何在系统中表示问题和答案。可以先检索出答案，然后使用文本摘要或文本解析来表示它。问答系统中涉及的另一个难题是如何在知识库中表示问题及其相应的答案。

为了构建一个问答系统，我们可以应用各种各样的方法，例如命名实体识别、信息检索、信息提取等。

问答系统包含三个阶段：

- 提取事实。
- 理解问题。
- 生成答案。

为了理解特定领域的数据并生成给定查询的响应，需要进行事实提取。

可以使用如下两种方式来执行事实的提取：提取实体和提取关系。实体或专有名词的提取过程被称作 NER，关系的提取建立在从文本中提取的语义信息的基础之上。

理解问题涉及基于给定的文本来生成一个解析树。

生成答案涉及为给定的查询获取最有可能且能够被用户理解的答案。

让我们来看看如下 NLTK 中的代码，其可用于接受用户的查询。可以通过删除其停止词来处理该查询，以便可以在后续的处理步骤中执行信息检索。

```
import nltk
from nltk import *
import string
print "Enter your question"
ques=raw_input()
ques=ques.lower()
stopwords=nltk.corpus.stopwords.words('english')
cont=nltk.word_tokenize(question)
analysis_keywords=list( set(cont) -set(stopwords) )
```

8.6 小结

在本章中，我们讨论了信息检索，主要学习了停止词删除。为了可以更快地执行信息检索和文本摘要任务，我们删除了停止词。此外我们还讨论了文本摘要、问答系统和向量空间模型等的实现。

在下一章中，我们将学习语篇分析和指代消解的概念。

第 9 章
语篇分析：理解才是可信的

语篇分析是自然语言处理的另一种应用。语篇分析可以认为是确定上下文信息（语境）的过程，这些信息有助于执行其他类型的任务，例如：指代消解（anaphora resolution，AR）（随后我们将在本章讨论这一部分内容）以及 NER 等。

本章将涵盖以下主题：

- 语篇分析简介。
- 使用中心理论执行语篇分析。
- 指代消解。

9.1 语篇分析简介

语言学术语单词 discourse 是指使用中的语言。语篇分析可以认为是执行文本或语言分析的过程，其包含了文本解释以及对社交互动的理解。语篇分析可能涉及对语素、n 元语法模型、时态、口语范畴以及页面布局等的处理。语篇可以认为是一个有序的句子集。

在大多数情况下，基于其前面的句子，我们可以解释一个句子的含义。

考虑如下话语"*John went to the club on Saturday. He met Sam.*"，这里 *He* 指的是 John。

人们开发语篇表述理论（Discourse Representation Theory，DRT）用于提供执行 AR 的方法，开发语篇表述结构（Discourse Representation Structure，DRS）用于提供语篇的含义（在语篇指称对象和条件的帮助下）。语篇指称对象是指在一阶逻辑中使用的变量以及在语篇中正在考虑的事物。语篇表述结构的条件是指在一阶谓词逻辑中使用的原子公式。

人们开发一阶谓词逻辑（First Order Predicate Logic，FOPL）用于扩展命题逻辑的概念。FOPL 涉及函数、参数和量词的使用。两种类型的量词（也就是通用量词和存在量词）用于表示常规的句子。在 FOPL 中，也使用了连接词、常量和变量，例如：`Robin is a bird`，在 FOPL 中可以表示为 `bird (robin)`。

让我们来看一个有关语篇表述结构的例子，如图 9-1 所示。

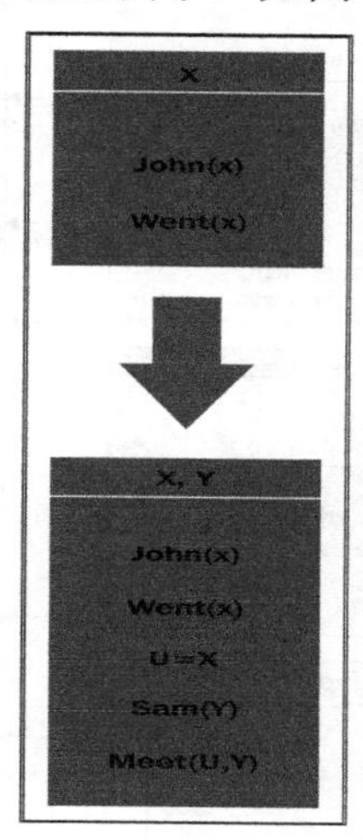

图 9-1

上图是下面句子的一种表述：

1．John went to a club.

2．John went to a club. He met Sam.

这里，该语篇由两个句子组成。语篇表述结构可以表述整个文本。为了通过计算来处理 DRS，需要将其转换为线性格式。

NLTK 中用于提供一阶谓词逻辑实现的模块是 `nltk.sem.logic`，它的 UML 图如图 9-2 所示。

`nltk.sem.logic` 模块用于定义一阶谓词逻辑的表达式。该模块的 UML 类图包含各种类以及它们的方法，这些是在一阶谓词逻辑中表示对象所需要的，所包含的方法如下。

- `substitute_bindings(bindings)`：这里，binding 表示变量到表达式的映射，它用一个特定的值替换了表达式中的变量。
- `variables()`：该函数包含了所有需要被替换的变量集，此集合由常量以及自由变量组成。

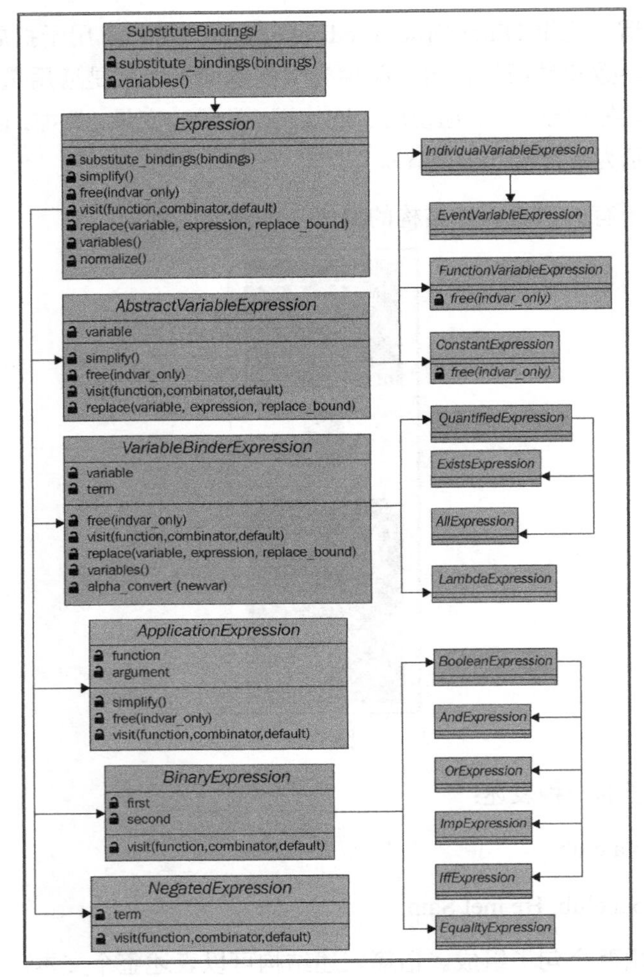

图 9-2

- replace(variable, expression, replace_bound)：该函数用于替换变量实例的表达式，replace_bound 用于指定是否需要替换绑定的变量。
- normalize()：该函数用于重命名自动生成的唯一变量。
- visit(self,function,combinatory,default)：该函数用于访问调用函数的子表达式，然后结果被传递到以一个默认值开始的组合子，最终返回组合的结果。
- free(indvar_only)：该函数用于返回对象的所有自由变量集。如果将 indvar_only 设置为 True，则返回独立的变量。
- simplify()：用于简化表示对象的表达式。

NLTK 中为语篇表述理论提供了基础的模块是 `nltk.sem.drt`，它基于 `nltk.sem.logic` 模块而构建，其 UML 类图由继承自 `nltk.sem.logic` 模块的类而组成。以下是该模块中所描述的方法：

- `get_refs(recursive)`：该方法用于获得当前语篇的指称对象。
- `fol()`：该方法用于将 DRS 转换为一阶谓词逻辑。
- `draw()`：该方法在 Tkinter 图表库的帮助下用于绘制 DRS。

让我们来看看 `nltk.sem.drt` 模块的 UML 类图如图 9-3 所示。

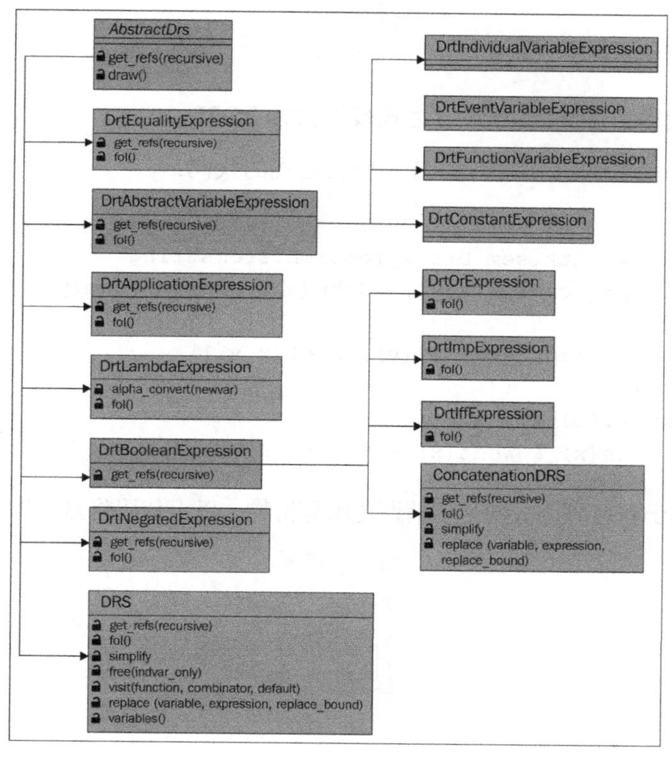

图 9-3

NLTK 中可用于访问 WordNet 3.0 的模块是 `nltk.corpus.reader.wordnet`。

线性格式由语篇指称对象和 DRS 条件组成，例如：*([x], [John(x), Went(x)])*。

让我们来看看如下 NLTK 中的代码，其可用于实现 DRS：

```
>>> import nltk
>>> expr_read = nltk.sem.DrtExpression.from_string
```

```
>>> expr1 = expr_read('([x], [John(x), Went(x)])')
>>> print(expr1)
([x],[John(x), Went(x)])
>>> expr1.draw()
>>> print(expr1.fol())
exists x.(John(x) & Went(x))
```

以上 NLTK 的代码将绘出如图 9-4 所示的图像。

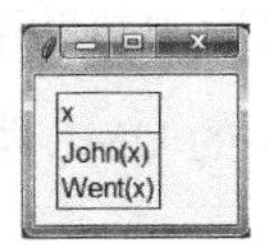

图 9-4

这里，通过使用方法 fol()，表达式被转换为 FOPL。

让我们来看看如下 NLTK 中有关另一个表达式的代码：

```
>>> import nltk
>>> expr_read = nltk.sem.DrtExpression.fromstring
>>> expr2 = expr_read('([x,y], [John(x), Went(x),Sam(y),Meet(x,y)])')
>>> print(expr2)
([x,y],[John(x), Went(x), Sam(y), Meet(x,y)])
>>> expr2.draw()
>>> print(expr2.fol())
exists x y.(John(x) & Went(x) & Sam(y) & Meet(x,y))
```

fol() 函数用于获取表达式的一阶谓词逻辑等价物。以上代码将显示如图 9-5 所示的图像。

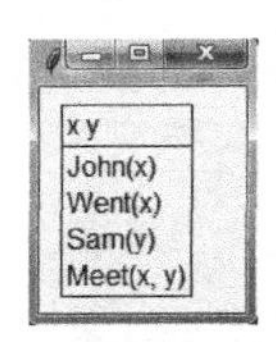

图 9-5

通过使用 DRS 级联运算符（+），我们可以执行两个 DRS 的级联。让我们来看看如下 NLTK 中的代码，其可用于执行两个 DRS 的级联：

```
>>> import nltk
>>> expr_read = nltk.sem.DrtExpression.fromstring
>>> expr3 = expr_read('([x], [John(x), eats(x)])+
([y],[Sam(y),eats(y)])')
>>> print(expr3)
(([x],[John(x), eats(x)]) + ([y],[Sam(y), eats(y)]))
```

```
>>> print(expr3.simplify())
([x,y],[John(x), eats(x), Sam(y), eats(y)])
>>> expr3.draw()
```

以上代码绘出了如图 9-6 所示的图像。

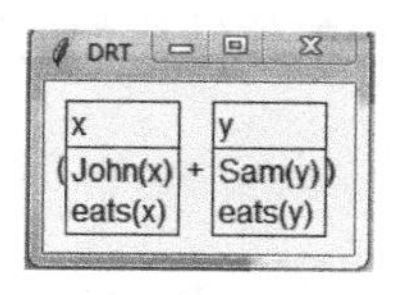

图 9-6

这里，simplify()函数用于简化表达式。

让我们来看看如下 NLTK 中的代码，其可用于将一个 DRS 嵌入到另一个当中：

```
>>> import nltk
>>> expr_read = nltk.sem.DrtExpression.fromstring
>>> expr4 = expr_read('([],[(([x],[student(x)])-
>([y],[book(y),read(x,y)]))])')
>>> print(expr4.fol())
all x.(student(x) -> exists y.(book(y) & read(x,y)))
```

让我们来看看另一个例子，其可用于组合两个句子。这里使用了 PRO，resolve_anaphora()函数用于执行 AR：

```
>>> import nltk
>>> expr_read = nltk.sem.DrtExpression.fromstring
>>> expr5 = expr_read('([x,y],[ram(x),food(y),eats(x,y)])')
>>> expr6 = expr_read('([u,z],[PRO(u),coffee(z),drinks(u,z)])')
>>> expr7=expr5+expr6
>>> print(expr7.simplify())
([u,x,y,z],[ram(x), food(y), eats(x,y), PRO(u), coffee(z),
drinks(u,z)])
>>> print(expr7.simplify().resolve_anaphora())
([u,x,y,z],[ram(x), food(y), eats(x,y), (u = [x,y,z]), coffee(z),
drinks(u,z)])
```

9.1.1 使用中心理论执行语篇分析

使用中心理论执行语篇分析是进行语料库注解的第一步，它还包含执行 AR 的任务。在中心理论中，为了实现分析，我们需要执行将语篇分割成各种单元的任务。

中心理论包含以下内容：

- 语篇参与者的目的或意图与语篇之间的互动。
- 参与者的注意。
- 语篇结构。

中心与参与者的关注点以及局部和整体结构如何影响语篇的表达和连贯性有关。

9.1.2 指代消解

AR 可以定义为这样的一个过程：通过 AR 可以解析句中所使用的代词或名词短语，并且基于语境信息来指代特定的实体。

例如：

```
John helped Sara. He was kind.
```

这里，He 指代的是 John。

AR 有三种类型，即：

- **代名词（Pronominal）**：这里，通过代词来指代指称对象。例如：Sam found the love of his life。这里，his 指代 Sam。
- **有定名词短语（Definite noun phrase）**：这里，可以通过`<the> <noun phrase>`形式来指代先行语。例如：`The relationship could not last long`。这里，`The relationship`指代的是上一句中的`the love`。
- **量词/序数**：量词（如 one）和序数（如 first）也是 AR 的例子。例如：`He began a new one`。这里，`one`指代的是`the relationship`。

在预指中，指称对象在先行语之前。例如：`After his class,Sam will go home`。这里，`his`指代的是`Sam`。

为了在 NLTK 架构中集成某些扩展，人们基于现有的模块`nltk.sem.logic`和`nltk.sem.drt`开发出了一个新模块，新模块就像是`nltk.sem.drt`模块的一个替代，用增强的类替换了所有的类。

来自类`AbstractDRS`的一个叫作`resolve()`的方法可以被间接和直接地调用，然后该方法可以提供一个列表，该列表由一个特定对象的已解析副本所组成，需要被解析的对象必须重写方法`readings()`。通过使用`traverse()`函数，`resolve()`方法可用于生成读数，`traverse()`函数可用于对操作列表执行排序。优先级顺序列表包括以下内容：

- 绑定操作。

- 局部纳入操作。
- 中级纳入操作。
- 全局纳入操作。

让我们来看看以下有关 `traverse()` 函数执行的流程图如图 9-7 所示。

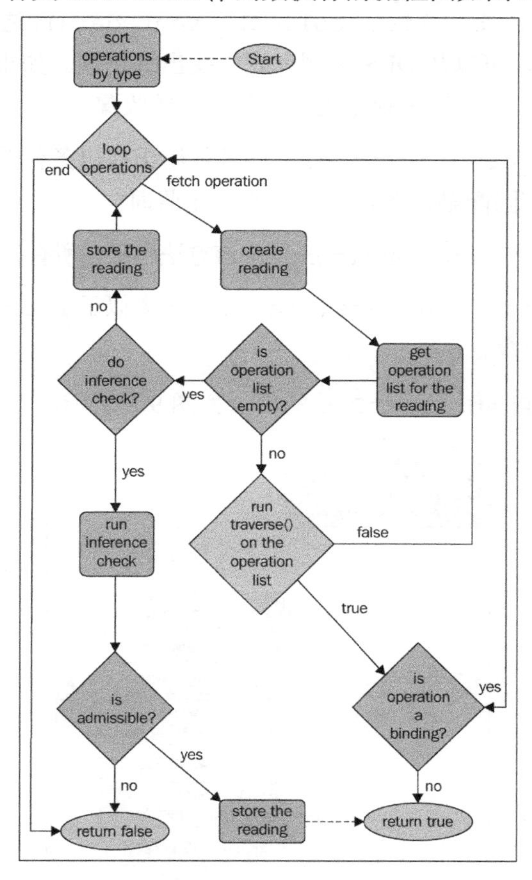

图 9-7

当生成了操作的优先级顺序之后，将会发生如下操作：

- 在 `deepcopy()` 方法的帮助下从操作生成了 readings，当前的操作将作为参数。
- 当运行 `readings()` 函数时，执行了一系列的操作。
- 到操作列表不为空时，运行这些操作。
- 如果没有剩余的操作要执行，则将对最后的 reading 运行可接受性检查；如果检查成功了，它将被存储。

在 AbstractDrs 类中定义了 resolve()方法，该方法定义如下：*def resolve(self, verbose=False)*。

PresuppositionDRS 类包含以下方法：

- find_bindings(drs_list, collect_event_data)：通过使用 is_possible_binding 方法，可以从 DRS 实例列表中找出绑定项。如果将 collect_event_data 设置为 True，那么就完成了参与信息的收集。
- is_possible_binding(cond)：该函数用于找出条件是否为一个绑定候选项，并确保它是具有匹配触发条件的特征的一元谓词。
- is_presupposition.cond(cond)：该方法用于在所有条件中标识出触发条件。
- presupposition_readings(trail)：它类似于 PresuppositionDRS 子类中的 readings 函数。

让我们来看看继承自 AbstractDrs 的类，如图 9-8 所示。

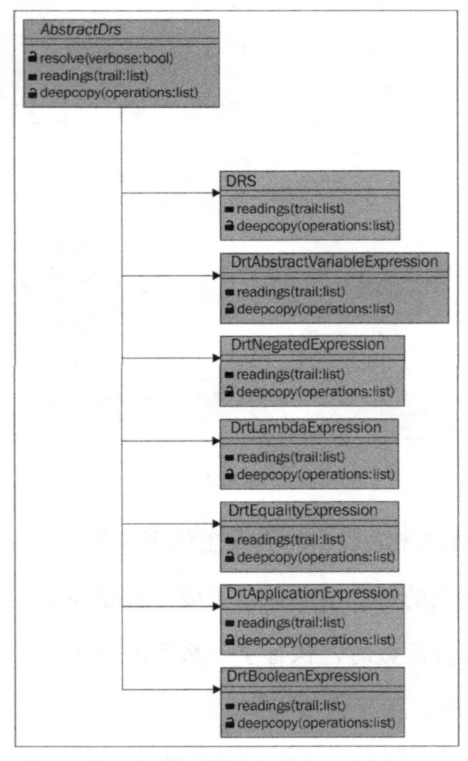

图 9-8

让我们来看看继承自 DrtAbstractVariableExpression 的类，如图 9-9 所示。

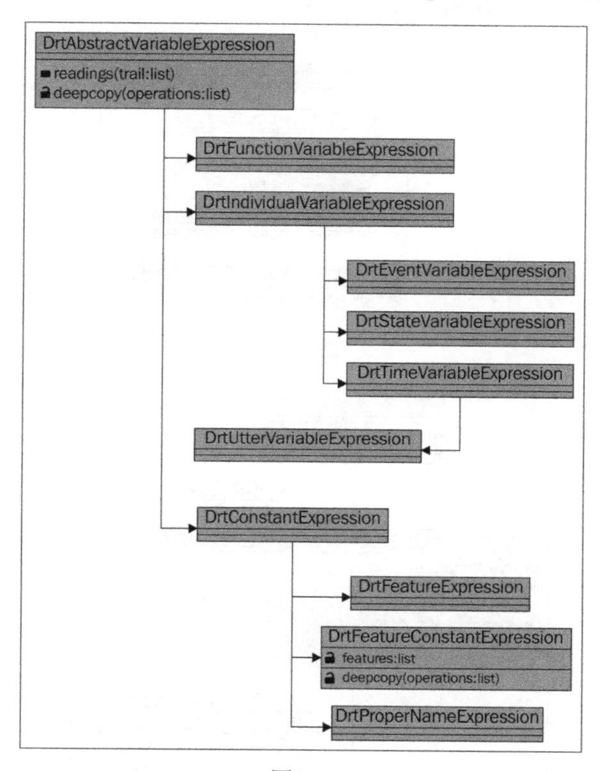

图 9-9

让我们来看看继承自 DrtBooleanExpression 的类，如图 9-10 所示。

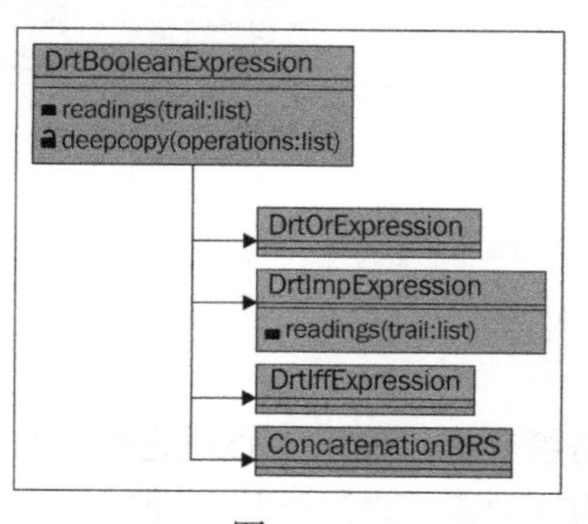

图 9-10

让我们来看看继承自 DrtApplicationExpression 的类，如图 9-11 所示。

让我们来看看继承自 DRS 的类，如图 9-12 所示。

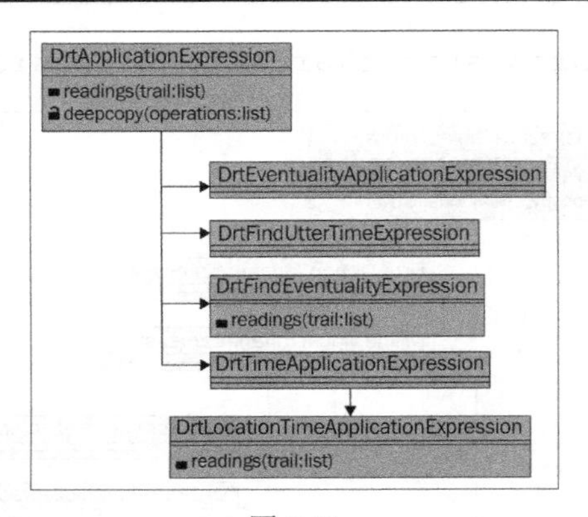

图 9-11

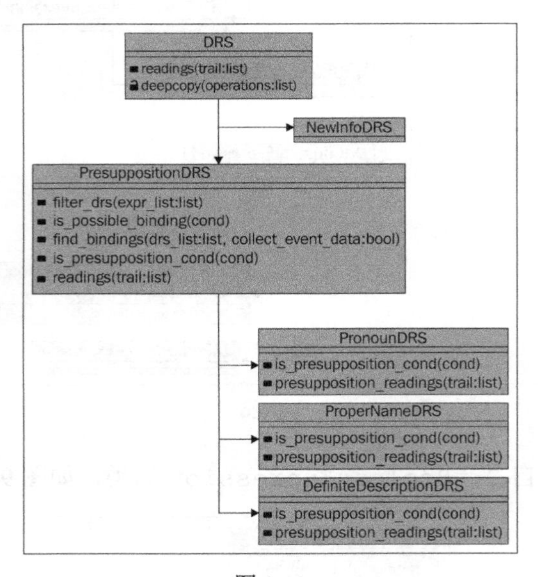

图 9-12

9.2 小结

在本章中，我们讨论了语篇分析、使用中心理论执行的语篇分析以及指代消解。我们也讨论了使用一阶谓词逻辑构建的语篇表述结构，通过 UML 图，我们还讨论了 NLTK 是如何用于实现一阶谓词逻辑的。

在下一章中，我们将讨论 NLP 工具的评估。我们还将讨论用于错误识别、词法匹配、语法匹配以及浅层语义匹配的各种指标。

第 10 章 NLP 系统评估：性能分析

对 NLP 系统执行评估，以便我们可以分析一个给定的 NLP 系统是否产生了预期的结果以及是否实现了预期的性能。通过使用预定义的指标可以自动地执行评估，或者通过将人类的输出与 NLP 系统的输出进行对比来手工地执行评估。

本章将包含以下主题：

- NLP 系统评估要点。
- NLP 工具评估（词性标注器、词干提取器及形态分析器）。
- 使用黄金数据执行解析器评估。
- IR 系统的评估。
- 错误识别指标。
- 基于词汇搭配的指标。
- 基于句法匹配的指标。
- 使用浅层语义匹配的指标。

10.1 NLP 系统评估要点

对 NLP 系统执行评估是为了分析 NLP 系统的输出结果是否与人类的某个输出结果相似。如果能够在早期阶段就识别出模块中的错误，那么将在很大程度上降低 NLP 系统的校正成本。

假设我们想要评估一个标注器，我们可以通过对比标注器与人类的输出结果来完成该操作。很多时候，我们都无法找到一个公正或者可以被称为专家的人，因此我们可以构建一个黄金标准测试数据来执行标注器的评估。它是一个手工标注过的语料库，并被认为是一个可用于标注器评估的标准语料库。如果标注器给出的标记形式的输出与黄金标准测试数据提供的输出相同，我们则认为标注器是正确的。

创建黄金标准注释语料库是一项主要的任务，而且其实现成本也是非常昂贵的。它通过手工标注给定的测试数据来完成该操作。以这种方式筛选的标记被视为标准标记，其可用于表示大范围的信息。

10.1.1 NLP工具的评估（词性标注器、词干提取器及形态分析器）

我们可以对各种NLP系统执行评估，例如词性标注器、词干提取器、形态分析器、基于NER的系统以及机器翻译器等。考虑如下NLTK中的代码，其可用于训练一个一元语法标注器。执行完句子标注后，对其进行评估，以便验证标注器给出的输出是否与黄金标准测试数据给出的输出相同：

```
>>> import nltk
>>> from nltk.corpus import brown
>>> sentences=brown.tagged_sents(categories='news')
>>> sent=brown.sents(categories='news')
>>> unigram_sent=nltk.UnigramTagger(sentences)
>>> unigram_sent.tag(sent[2008])
[('Others', 'NNS'), (',', ','), ('which', 'WDT'), ('are', 'BER'),
('reached', 'VBN'), ('by', 'IN'), ('walking', 'VBG'), ('up', 'RP'),
('a', 'AT'), ('single', 'AP'), ('flight', 'NN'), ('of', 'IN'),
('stairs', 'NNS'), (',', ','), ('have', 'HV'), ('balconies', 'NNS'),
('.', '.')]
>>> unigram_sent.evaluate(sentences)
0.9349006503968017
```

考虑如下NLTK中的代码，其用分离的数据对一元语法标注器执行了训练和测试。给定的数据被分为80%的训练数据和20%的测试数据：

```
>>> import nltk
>>> from nltk.corpus import brown
>>> sentences=brown.tagged_sents(categories='news')
>>> sz=int(len(sentences)*0.8)
>>> sz
3698
>>> training_sents = sentences[:sz]
```

```
>>> testing_sents=sentences[sz:]
>>> unigram_tagger=nltk.UnigramTagger(training_sents)
>>> unigram_tagger.evaluate(testing_sents)
0.8028325063827737
```

考虑如下 NLTK 中的代码，其展示了 N-Gram（N 元语法）标注器的使用。这里，训练语料库是由标注过的数据组成的。另外，在下面的代码示例中，我们使用了 N-Gram 标注器的一个特例，即 bigram（二元语法）标注器：

```
>>> import nltk
>>> from nltk.corpus import brown
>>> sentences=brown.tagged_sents(categories='news')
>>> sz=int(len(sentences)*0.8)
>>> training_sents = sentences[:sz]
>>> testing_sents=sentences[sz:]
>>> bigram_tagger=nltk.UnigramTagger(training_sents)
>>> bigram_tagger=nltk.BigramTagger(training_sents)
>>> bigram_tagger.tag(sentences[2008])
[(('Others', 'NNS'), None), ((',', ','), None), (('which', 'WDT'),
None), (('are', 'BER'), None), (('reached', 'VBN'), None), (('by',
'IN'), None), (('walking', 'VBG'), None), (('up', 'IN'), None), (('a',
'AT'), None), (('single', 'AP'), None), (('flight', 'NN'), None),
(('of', 'IN'), None), (('stairs', 'NNS'), None), ((',', ','), None),
(('have', 'HV'), None), (('balconies', 'NNS'), None), (('.', '.'),
None)]
>>> un_sent=sentences[4203]
>>> bigram_tagger.tag(un_sent)
[(('The', 'AT'), None), (('population', 'NN'), None), (('of', 'IN'),
None), (('the', 'AT'), None), (('Congo', 'NP'), None), (('is', 'BEZ'),
None), (('13.5', 'CD'), None), (('million', 'CD'), None), ((',',
','), None), (('divided', 'VBN'), None), (('into', 'IN'), None),
(('at', 'IN'), None), (('least', 'AP'), None), (('seven', 'CD'),
None), (('major', 'JJ'), None), (('``', '``'), None), (('culture',
'NN'), None), (('clusters', 'NNS'), None), (("''", "''"), None),
(('and', 'CC'), None), (('innumerable', 'JJ'), None), (('tribes',
'NNS'), None), (('speaking', 'VBG'), None), (('400', 'CD'), None),
(('separate', 'JJ'), None), (('dialects', 'NNS'), None), (('.', '.'),
None)]
>>> bigram_tagger.evaluate(testing_sents)
0.09181559805385615
```

另一种标注方式可以通过不同的抽样方法来实现。在这种方法中，可以通过 bigram 标注器来执行词性标注。如果一个标记在 bigram 标注器中找不到，则可以使用 unigram 标注器的回退方法。当然，如果一个标记在 unigram 标注器中找不到，则可以使用默认标注器的回退方法。

让我们来看看如下 NLTK 中实现了组合标注器的代码：

```
>>> import nltk
>>> from nltk.corpus import brown
>>> sentences=brown.tagged_sents(categories='news')
>>> sz=int(len(sentences)*0.8)
>>> training_sents = sentences[:sz]
>>> testing_sents=sentences[sz:]
>>> s0=nltk.DefaultTagger('NNP')
>>> s1=nltk.UnigramTagger(training_sents,backoff=s0)
>>> s2=nltk.BigramTagger(training_sents,backoff=s1)
>>> s2.evaluate(testing_sents)
0.8122260224480948
```

语言学家使用以下线索来确定一个单词的类别：

- 形态线索。
- 句法线索。
- 语义线索。

形态线索指的是用于确定单词类别的前缀、后缀、中缀和词缀等信息。例如，ment 是与动词结合形成名词的后缀，比如 establish + ment = establishment 和 achieve + ment = achievement。

句法线索在确定一个单词的类别时很有用。例如，假设我们已经知道了名词，那么现在就可以确定形容词了。在一个句子中，形容词可以出现在一个名词或者一个单词之后，例如 very。

语义信息也可以用于确定单词的类别。如果已经知道了一个单词的含义，那么我们就能够很容易地知道它的类别。

让我们来看看如下 NLTK 中的代码，其可用于语块解析器的评估：

```
>>> import nltk
>>> chunkparser = nltk.RegexpParser("")
>>> print(nltk.chunk.accuracy(chunkparser, nltk.corpus.conll2000.
chunked_sents('train.txt', chunk_types=('NP',))))
0.44084599507856814
```

让我们来看看另一段 NLTK 中的代码，其可用于朴素语块解析器的评估，该解析器可用于寻找诸如 CD、JJ 等标记：

```
>>> import nltk
>>> grammar = r"NP: {<[CDJNP].*>+}"
>>> cp = nltk.RegexpParser(grammar)
>>> print(nltk.chunk.accuracy(cp, nltk.corpus.conll2000.chunked_
sents('train.txt', chunk_types=('NP',))))
0.8744798726662164
```

下面的 NLTK 代码用于计算分块数据的条件频率分布：

```
def chunk_tags(train):
    """Generate a following tags list that appears inside chunks"""
    cfreqdist = nltk.ConditionalFreqDist()
    for t in train:
        for word, tag, chunktag in nltk.chunk.tree2conlltags(t):
            if chtag == "O":
                cfreqdist[tag].inc(False)
            else:
                cfreqdist[tag].inc(True)
    return [tag for tag in cfreqdist.conditions() if cfreqdist[tag].
max() == True]
>>> training_sents = nltk.corpus.conll2000.chunked_sents('train.txt',
chunk_types=('NP',))
>>> print chunked_tags(train_sents)
['PRP$', 'WDT', 'JJ', 'WP', 'DT', '#', '$', 'NN', 'FW', 'POS',
'PRP', 'NNS', 'NNP', 'PDT', 'RBS', 'EX', 'WP$', 'CD', 'NNPS', 'JJS',
'JJR']
```

让我们来看看如下 NLTK 中用于执行 `chunker` 评估的代码。这里，使用了两种称为 guessed 和 correct 的实体。guessed 实体是由语块解析器返回的那些实体，correct 实体是那些在测试语料库中定义的语块集：

```
>>> import nltk
>>> correct = nltk.chunk.tagstr2tree(
"[ the/DT little/JJ cat/NN ] sat/VBD on/IN [ the/DT mat/NN ]")
>>> print(correct.flatten())
(S the/DT little/JJ cat/NN sat/VBD on/IN the/DT mat/NN)
>>> grammar = r"NP: {<[CDJNP].*>+}"
>>> cp = nltk.RegexpParser(grammar)
>>> grammar = r"NP: {<PRP|DT|POS|JJ|CD|N.*>+}"
```

```
>>> chunk_parser = nltk.RegexpParser(grammar)
>>> tagged_tok = [("the", "DT"), ("little", "JJ"), ("cat",
"NN"),("sat", "VBD"), ("on", "IN"), ("the", "DT"), ("mat", "NN")]
>>> chunkscore = nltk.chunk.ChunkScore()
>>> guessed = cp.parse(correct.flatten())
>>> chunkscore.score(correct, guessed)
>>> print(chunkscore)
ChunkParse score:
    IOB Accuracy: 100.0%
    Precision:    100.0%
    Recall:       100.0%
    F-Measure:    100.0%
```

让我们来看看如下 NLTK 中的代码，其可用于评估一元语法 chunker 和二元语法 chunker：

```
>>> chunker_data = [[(t,c) for w,t,c in nltk.chunk.
tree2conlltags(chtree)]
>>> for chtree in nltk.corpus.conll2000.chunked_
sents('train.txt')]
>>> unigram_chunk = nltk.UnigramTagger(chunker_data)
>>> print nltk.tag.accuracy(unigram_chunk, chunker_data)
0.781378851068
>>> bigram_chunk = nltk.BigramTagger(chunker_data, backoff=unigram_
chunker)
>>> print nltk.tag.accuracy(bigram_chunk, chunker_data)
0.893220987404
```

考虑下面的代码，其中单词的后缀用于确定词性标记，因此需要训练一个分类器用于提供一个有益的后缀列表。我们还使用了一个特征提取函数来检测给定的单词中所呈现的后缀：

```
>>> from nltk.corpus import brown
>>> suffix_freqdist = nltk.FreqDist()
>>> for wrd in brown.words():
...     wrd = wrd.lower()
...     suffix_freqdist[wrd[-1:]] += 1
...     suffix_fdist[wrd[-2:]] += 1
...     suffix_fdist[wrd[-3:]] += 1
>>> common_suffixes = [suffix for (suffix, count) in suffix_freqdist.
most_common(100)]
>>> print(common_suffixes)
['e', ',', '.', 's', 'd', 't', 'he', 'n', 'a', 'of', 'the',
```

```
 'y', 'r', 'to', 'in', 'f', 'o', 'ed', 'nd', 'is', 'on', 'l',
 'g', 'and', 'ng', 'er', 'as', 'ing', 'h', 'at', 'es', 'or',
 're', 'it', '``', 'an', "''", 'm', ';', 'i', 'ly', 'ion', ...]

>>> def pos_feature(wrd):
...     feature = {}
...     for suffix in common_suffixes:
...         feature['endswith({})'.format(suffix)] = wrd.lower().
endswith(suffix)
...     return feature
>>> tagged_wrds = brown.tagged_wrds(categories='news')
>>> featureset = [(pos_feature(n), g) for (n,g) in tagged_wrds]
>>> size = int(len(featureset) * 0.1)
>>> train_set, test_set = featureset[size:], featureset[:size]
>>> classifier1 = nltk.DecisionTreeClassifier.train(train_set)
>>> nltk.classify.accuracy(classifier1, test_set)
0.62705121829935351


>>> classifier.classify(pos_features('cats'))
'NNS'

>>> print(classifier.pseudocode(depth=4))
if endswith(,) == True: return ','
if endswith(,) == False:
  if endswith(the) == True: return 'AT'
  if endswith(the) == False:
    if endswith(s) == True:
      if endswith(is) == True: return 'BEZ'
      if endswith(is) == False: return 'VBZ'
    if endswith(s) == False:
      if endswith(.) == True: return '.'
      if endswith(.) == False: return 'NN'
```

考虑如下 NLTK 中的代码，其用于构建一个正则表达式标注器。这里，基于匹配模式进行了标记的分配：

```
>>> import nltk
>>> from nltk.corpus import brown
>>> sentences = brown.tagged_sents(categories='news')
>>> sent = brown.sents(categories='news')
>>> pattern = [
(r'.*ing$', 'VBG'),              # for gerunds
```

```
(r'.*ed$', 'VBD'),                   # for simple past
(r'.*es$', 'VBZ'),                   # for 3rd singular present
(r'.*ould$', 'MD'),                  # for modals
(r'.*\'s$', 'NN$'),                  # for possessive nouns
(r'.*s$', 'NNS'),                    # for plural nouns
(r'^-?[0-9]+(.[0-9]+)?$', 'CD'),     # for cardinal numbers
(r'.*', 'NN')                        # for nouns (default)
]
>>> regexpr_tagger = nltk.RegexpTagger(pattern)
>>> regexpr_tagger.tag(sent[3])
 [('``', 'NN'), ('Only', 'NN'), ('a', 'NN'), ('relative', 'NN'),
('handful', 'NN'), ('of', 'NN'), ('such', 'NN'), ('reports', 'NNS'),
('was', 'NNS'), ('received', 'VBD'), ("''", 'NN'), (',', 'NN'),
('the', 'NN'), ('jury', 'NN'), ('said', 'NN'), (',', 'NN'), ('``',
'NN'), ('considering', 'VBG'), ('the', 'NN'), ('widespread', 'NN'),
('interest', 'NN'), ('in', 'NN'), ('the', 'NN'), ('election', 'NN'),
(',', 'NN'), ('the', 'NN'), ('number', 'NN'), ('of', 'NN'), ('voters',
'NNS'), ('and', 'NN'), ('the', 'NN'), ('size', 'NN'), ('of', 'NN'),
('this', 'NNS'), ('city', 'NN'), ("''", 'NN'), ('.', 'NN')]
>>> regexp_tagger.evaluate(sentences)
0.20326391789486245
```

考虑如下用于构建查找标注器的代码。在构建查找标注器的过程中，需要维护一个常用单词及其对应的标记信息的列表。因为一些单词不在最常用的单词列表中，所以它们被分配了 None 标记：

```
>>> import nltk
>>> from nltk.corpus import brown
>>> freqd = nltk.FreqDist(brown.words(categories='news'))
>>> cfreqd = nltk.ConditionalFreqDist(brown.tagged_
words(categories='news'))
>>> mostfreq_words = freqd.most_common(100)
>>> likelytags = dict((word, cfreqd[word].max()) for (word, _) in
mostfreq_words)
>>> baselinetagger = nltk.UnigramTagger(model=likelytags)
>>> baselinetagger.evaluate(brown_tagged_sents)
0.45578495136941344
>>> sent = brown.sents(categories='news')[3]
>>> baselinetagger.tag(sent)
[('``', '``'), ('Only', None), ('a', 'AT'), ('relative', None),
('handful', None), ('of', 'IN'), ('such', None), ('reports', None),
('was', 'BEDZ'), ('received', None), ("''", "''"), (',', ','),
('the', 'AT'), ('jury', None), ('said', 'VBD'), (',', ','),
```

```
('``', '``'), ('considering', None), ('the', 'AT'), ('widespread',
None),
('interest', None), ('in', 'IN'), ('the', 'AT'), ('election', None),
(',', ','), ('the', 'AT'), ('number', None), ('of', 'IN'),
('voters', None), ('and', 'CC'), ('the', 'AT'), ('size', None),
('of', 'IN'), ('this', 'DT'), ('city', None), ("''", "''"), ('.',
'.')]
>>> baselinetagger = nltk.UnigramTagger(model=likely_tags,
...                                     backoff=nltk.
DefaultTagger('NN'))
def performance(cfreqd, wordlist):
    lt = dict((word, cfreqd[word].max()) for word in wordlist)
    baseline_tagger = nltk.UnigramTagger(model=lt, backoff=nltk.
DefaultTagger('NN'))
    return baseline_tagger.evaluate(brown.tagged_
sents(categories='news'))

def display():
    import pylab
    word_freqs = nltk.FreqDist(brown.words(categories='news')).most_
common()
    words_by_freq = [w for (w, _) in word_freqs]
    cfd = nltk.ConditionalFreqDist(brown.tagged_
words(categories='news'))
    sizes = 2 ** pylab.arange(15)
    perfs = [performance(cfd, words_by_freq[:size]) for size in sizes]
    pylab.plot(sizes, perfs, '-bo')
    pylab.title('Lookup Tagger Performance with Varying Model Size')
    pylab.xlabel('Model Size')
    pylab.ylabel('Performance')
    pylab.show()
display()
```

让我们来看看如下 NLTK 中使用了 lancasterstemmer 进行词干提取的代码。通过使用黄金测试数据，我们可以完成这样一个 stemmer 的评估：

```
>>> import nltk
>>> from nltk.stem.lancaster import LancasterStemmer
>>> stri=LancasterStemmer()
>>> stri.stem('achievement')
'achiev'
```

考虑如下 NLTK 中的代码，其可用于设计一个基于分类的 chunker。它使用了最大熵分类器：

```
class ConseNPChunkTagger(nltk.TaggerI):

    def __init__(self, train_sents):
        train_set = []
        for tagsent in train_sents:
            untagsent = nltk.tag.untag(tagsent)
            history = []
            for i, (word, tag) in enumerate(tagsent):
                featureset = npchunk_features(untagsent, i, history)
                train_set.append( (featureset, tag) )
                history.append(tag)
        self.classifier = nltk.MaxentClassifier.train(
            train_set, algorithm='megam', trace=0)

    def tag(self, sentence):
        history = []
        for i, word in enumerate(sentence):
            featureset = npchunk_features(sentence, i, history)
            tag = self.classifier.classify(featureset)
            history.append(tag)
        return zip(sentence, history)

class ConseNPChunker(nltk.ChunkParserI): [4]
    def __init__(self, train_sents):
        tagsent = [[((w,t),c) for (w,t,c) in
                         nltk.chunk.tree2conlltags(sent)]
                        for sent in train_sents]
        self.tagger = ConseNPChunkTagger(tagsent)

    def parse(self, sentence):
        tagsent = self.tagger.tag(sentence)
        conlltags = [(w,t,c) for ((w,t),c) in tagsent]
        return nltk.chunk.conlltags2tree(conlltags)
```

下面的代码，通过使用一个特征提取器执行了 chunker 的评估。该 chunker 的评估结果类似于一元语法 chunker：

```
>>> def npchunk_features(sentence, i, history):
...     word, pos = sentence[i]
...     return {"pos": pos}
>>> chunker = ConseNPChunker(train_sents)
>>> print(chunker.evaluate(test_sents))
```

```
ChunkParse score:
    IOB Accuracy:    92.9%
    Precision:       79.9%
    Recall:          86.7%
    F-Measure:       83.2%
```

在下面的代码中，前一个词性标记的特征也被添加了。这包括了标记之间的互动，所以该 chunker 的评估结果类似于二元语法 chunker：

```
>>> def npchunk_features(sentence, i, history):
...     word, pos = sentence[i]
...     if i == 0:
...         previword, previpos = "<START>", "<START>"
...     else:
...         previword, previpos = sentence[i-1]
...     return {"pos": pos, "previpos": previpos}
>>> chunker = ConseNPChunker(train_sents)
>>> print(chunker.evaluate(test_sents))
ChunkParse score:
    IOB Accuracy:    93.6%
    Precision:       81.9%
    Recall:          87.2%
    F-Measure:       84.5%
```

考虑以下有关 chunker 的代码，其中添加了当前单词的特征以便提高 chunker 的性能：

```
>>> def npchunk_features(sentence, i, history):
...     word, pos = sentence[i]
...     if i == 0:
...         previword, previpos = "<START>", "<START>"
...     else:
...         previword, previpos = sentence[i-1]
...     return {"pos": pos, "word": word, "previpos": previpos}
>>> chunker = ConseNPChunker(train_sents)
>>> print(chunker.evaluate(test_sents))
ChunkParse score:
    IOB Accuracy: 94.5%
    Precision: 84.2%
    Recall: 89.4%
    F-Measure: 86.7%
```

让我们来考虑如下 NLTK 中的代码，其中添加了特征集，例如配对特征、前瞻特征、复杂上下文特征等，以便增强 chunker 的性能：

```
>>> def npchunk_features(sentence, i, history):
...     word, pos = sentence[i]
...     if i == 0:
...          previword, previpos = "<START>", "<START>"
...     else:
...         previword, previpos = sentence[i-1]
...     if i == len(sentence)-1:
...         nextword, nextpos = "<END>", "<END>"
...     else:
...         nextword, nextpos = sentence[i+1]
...     return {"pos": pos,
...             "word": word,
...             "previpos": previpos,
...             "nextpos": nextpos,
...             "previpos+pos": "%s+%s" % (previpos, pos),
...             "pos+nextpos": "%s+%s" % (pos, nextpos),
...             "tags-since-dt": tags_since_dt(sentence, i)}
>>> def tags_since_dt(sentence, i):
...     tags = set()
...     for word, pos in sentence[:i]:
...         if pos == 'DT':
...             tags = set()
...         else:
...             tags.add(pos)
...     return '+'.join(sorted(tags))

>>> chunker = ConsecutiveNPChunker(train_sents)
>>> print(chunker.evaluate(test_sents))
ChunkParse score:
    IOB Accuracy:  96.0%
    Precision:     88.6%
    Recall:        91.0%
    F-Measure:     89.8%
```

通过使用黄金数据，我们也可以执行形态分析器的评估。人类预期的输出已经被存储用于形成一个黄金数据集合，然后将形态分析器的输出与黄金数据进行比较。

10.1.2 使用黄金数据执行解析器评估

通过使用黄金数据或解析器的输出所对应的标准数据，我们可以执行解析器的评估。

首先，在训练数据上执行解析器模型的训练，然后在不可见数据或测试数据上执行解析。

以下两个手段可用于解析器性能的评估：

- 标记的依恋评分（Labelled Attachment Score，LAS）。
- 标记的精确匹配（Labelled Exact Match，LEM）。

在以上两种情况下，解析器的输出均与测试数据进行了比较。一个好的解析算法是可以给出最高 LAS 和 LEM 评分的算法。我们用于解析的训练数据和测试数据可以由黄金标准标记词性标记来组成，因为它们已经被手工地分配了。通过使用以下指标可以执行解析器的评估，例如召回率（Recall）、精确率（Precision）和 F 值（F-Measure）。

这里，精确率可以被定义为由解析器产生的正确实体的数量除以解析器产生的实体的总数。

召回率可以被定义为由解析器产生的正确实体的数量除以黄金标准解析树中的实体的总数。

F 值可以认为是召回率和精确率的调和平均值。

10.2 IR 系统的评估

IR 也是自然语言处理的应用之一。

以下是在执行 IR 系统的评估时需要考虑的几个方面：

- 所需资源。
- 文档的表述。
- 市场评估或用户黏性。
- 检索速度。
- 构建查询时的协助。
- 查找所需文档的能力。

我们通常将一个系统与另一个系统进行比较来执行评估。

IR 系统可以基于文档集、查询集以及所使用的技术等进行比较。用于性能评估的指标有精确率（Precision）、召回率（Recall）和 F 值（F-Measure）。让我们来进一步了解它们：

- 精确率：被定义为相关检索集的比例。

Precision = |*relevant* ∩ *retrieved*| ÷ |*retrieved*| = *P*(*relevant* | *retrieved*)

- 召回率：被定义为包括在检索集中的所有相关文档集的比例。

Recall = |*relevant* ∩ *retrieved*| ÷ |*relevant*| = *P*(*retrieved* | *relevant*)

- F 值：其可以通过使用精确率和召回率来获取，具体如下：

F-Measure = (2**Precision***Recall*) / (*Precision* + *Recall*)

10.3 错误识别指标

错误识别是一个非常重要的可影响 NLP 系统性能的方面。搜索任务可能涉及以下术语：

- **真正（True Positive，TP）**：它可以被定义为被正确识别为相关文档的相关文档集。
- **真负（True Negative，TN）**：它可以被定义为被正确识别为无关文档的无关文档集。
- **假正（False Positive，FP）**：它也被称为错误类型 I，是被错误地识别为相关文档的无关文档集。
- **假负（False Negative，FN）**：它也被称为错误类型 II，是被错误地识别为无关文档的相关文档集。

基于前面所提到的术语，我们得到了如下指标：

- 精确率*(P)*：*TP/(TP+FP)*。
- 召回率*(R)* ：*TP/(TP+FN)*。
- F 值：2**P***R/(P+R)*。

10.4 基于词汇搭配的指标

我们还可以基于单词或词汇层面来执行性能分析。

考虑如下 NLTK 中的代码，其中已经采用了影评，并将其标记为积极的或消极的。为了检测一个给定的单词是否存在于文档中，我们构建了一个特征提取器：

```
>>> from nltk.corpus import movie_reviews
>>> docs = [(list(movie_reviews.words(fileid)), category)
...              for category in movie_reviews.categories()
```

```
...                 for fileid in movie_reviews.fileids(category)]
>>> random.shuffle(docs)
all_wrds = nltk.FreqDist(w.lower() for w in movie_reviews.words())
word_features = list(all_wrds)[:2000]

def doc_features(doc):
    doc_words = set(doc)
    features = {}
    for word in word_features:
        features['contains({})'.format(word)] = (word in doc_words)
    return features
>>> print(doc_features(movie_reviews.words('pos/cv957_8737.txt')))
{'contains(waste)': False, 'contains(lot)': False, ...}
featuresets = [(doc_features(d), c) for (d,c) in docs]
train_set, test_set = featuresets[100:], featuresets[:100]
classifier = nltk.NaiveBayesClassifier.train(train_set)
>>> print(nltk.classify.accuracy(classifier, test_set))
0.81
>>> classifier.show_most_informative_features(5)
Most Informative Features
    contains(outstanding) = True pos : neg = 11.1 :
1.0
        contains(seagal) = True neg : pos = 7.7 :
1.0
    contains(wonderfully) = True pos : neg = 6.8 :
1.0
        contains(damon) = True pos : neg = 5.9 :
1.0
        contains(wasted) = True neg : pos = 5.8 :
1.0
```

考虑如下 NLTK 中用于描述 `nltk.metrics.distance` 模块的代码，它提供了用于确定给定的输出与预期的输出是否相同的指标：

```
from __future__ import print_function
from __future__ import division
def _edit_dist_init(len1, len2):
    lev = []
    for i in range(len1):
        lev.append([0] * len2) # initialization of 2D array to zero
    for i in range(len1):
        lev[i][0] = i # column 0: 0,1,2,3,4,...
```

```
    for j in range(len2):
        lev[0][j] = j # row 0: 0,1,2,3,4,...
    return lev

def _edit_dist_step(lev, i, j, s1, s2, transpositions=False):
    c1 = s1[i - 1]
    c2 = s2[j - 1]

    # skipping a character in s1
    a = lev[i - 1][j] + 1
    # skipping a character in s2
    b = lev[i][j - 1] + 1
    # substitution
    c = lev[i - 1][j - 1] + (c1 != c2)

    # transposition
    d = c + 1 # never picked by default
    if transpositions and i > 1 and j > 1:
        if s1[i - 2] == c2 and s2[j - 2] == c1:
            d = lev[i - 2][j - 2] + 1

    # pick the cheapest
    lev[i][j] = min(a, b, c, d)

def edit_distance(s1, s2, transpositions=False):

    # set up a 2-D array
    len1 = len(s1)
    len2 = len(s2)
    lev = _edit_dist_init(len1 + 1, len2 + 1)

    # iterate over the array
    for i in range(len1):
        for j in range(len2):
            _edit_dist_step(lev, i + 1, j + 1, s1, s2,
transpositions=transpositions)
    return lev[len1][len2]

def binary_distance(label1, label2):
    """Simple equality test.

    0.0 if the labels are identical, 1.0 if they are different.
```

```
>>> from nltk.metrics import binary_distance
>>> binary_distance(1,1)
    0.0

>>> binary_distance(1,3)
    1.0
    """

    return 0.0 if label1 == label2 else 1.0

def jaccard_distance(label1, label2):
    """Distance metric comparing set-similarity.
    """
    return (len(label1.union(label2)) - len(label1.
intersection(label2)))/len(label1.union(label2))

def masi_distance(label1, label2)

    len_intersection = len(label1.intersection(label2))
    len_union = len(label1.union(label2))
    len_label1 = len(label1)
    len_label2 = len(label2)
    if len_label1 == len_label2 and len_label1 == len_intersection:
        m = 1
    elif len_intersection == min(len_label1, len_label2):
        m = 0.67
    elif len_intersection > 0:
        m = 0.33
    else:
        m = 0
    return 1 - (len_intersection / len_union) * m

def interval_distance(label1,label2):

    try:
        return pow(label1 - label2, 2)
#        return pow(list(label1)[0]-list(label2)[0],2)
    except:
        print("non-numeric labels not supported with interval
distance")

def presence(label):
```

```
    return lambda x, y: 1.0 * ((label in x) == (label in y))

def fractional_presence(label):
    return lambda x, y:\
        abs(((1.0 / len(x)) - (1.0 / len(y)))) * (label in x and label
in y) \
        or 0.0 * (label not in x and label not in y) \
        or abs((1.0 / len(x))) * (label in x and label not in y) \
        or ((1.0 / len(y))) * (label not in x and label in y)

def custom_distance(file):
    data = {}
    with open(file, 'r') as infile:
        for l in infile:
            labelA, labelB, dist = l.strip().split("\t")
            labelA = frozenset([labelA])
            labelB = frozenset([labelB])
            data[frozenset([labelA,labelB])] = float(dist)
    return lambda x,y:data[frozenset([x,y])]

def demo():
    edit_distance_examples = [
        ("rain", "shine"), ("abcdef", "acbdef"), ("language",
"lnaguaeg"),
        ("language", "lnaugage"), ("language", "lngauage")]
    for s1, s2 in edit_distance_examples:

        print("Edit distance between '%s' and '%s':" % (s1, s2), edit_
distance(s1, s2))
    for s1, s2 in edit_distance_examples:
        print("Edit distance with transpositions between '%s' and
'%s':" % (s1, s2), edit_distance(s1, s2, transpositions=True))

    s1 = set([1, 2, 3, 4])
    s2 = set([3, 4, 5])
    print("s1:", s1)
    print("s2:", s2)
    print("Binary distance:", binary_distance(s1, s2))
    print("Jaccard distance:", jaccard_distance(s1, s2))
    print("MASI distance:", masi_distance(s1, s2))

if __name__ == '__main__':
    demo()
```

10.5 基于句法匹配的指标

句法匹配可以通过执行分块任务来完成。NLTK 中提供了一个叫作 nltk.chunk.api 的模块，其有助于识别语块并为给定的语块序列返回一个解析树。

名为nltk.chunk.named_entity的模块用于识别一个命名实体列表并生成一个解析结构。考虑如下 NLTK 中基于句法匹配的代码：

```
>>> import nltk
>>> from nltk.tree import Tree
>>> print(Tree(1,[2,Tree(3,[4]),5]))
(1 2 (3 4) 5)
>>> ct=Tree('VP',[Tree('V',['gave']),Tree('NP',['her'])])
>>> sent=Tree('S',[Tree('NP',['I']),ct])
>>> print(sent)
(S (NP I) (VP (V gave) (NP her)))
>>> print(sent[1])
(VP (V gave) (NP her))
>>> print(sent[1,1])
(NP her)
>>> t1=Tree.from_string("(S(NP I) (VP (V gave) (NP her)))")
>>> sent==t1
True
>>> t1[1][1].set_label('X')
>>> t1[1][1].label()
'X'
>>> print(t1)
(S (NP I) (VP (V gave) (X her)))
>>> t1[0],t1[1,1]=t1[1,1],t1[0]
>>> print(t1)
(S (X her) (VP (V gave) (NP I)))
>>> len(t1)
2
```

10.6 使用浅层语义匹配的指标

WordNet 相似度用于执行语义匹配，在此过程中，可以计算出给定文本与其相应假设的相似度。可使用自然语言工具包来计算文本中的单词与其相应假设的相似度：path distance、Leacock-Chodorow Similarity、Wu-Palmer Similarity、Resnik Similarity、Jiang-Conrath Similarity 以及 Lin Similarity。在这些指标中，我们比较的不是单词的相似度，而是词义的相似度。

在浅层语义分析的过程中，也同时执行了 NER 和共指消解任务。

考虑如下 NLTK 中用于计算 wordnet 相似度的代码：

```
>>> wordnet.N['dog'][0].path_similarity(wordnet.N['cat'][0])
0.20000000000000001
>>> wordnet.V['run'][0].path_similarity(wordnet.V['walk'][0])
0.25
```

10.7 小结

在本章中，我们讨论了各种 NLP 系统（词性标注器、词干提取器和形态分析器）的评估。你已经学习了分别基于错误识别、词汇搭配、句法匹配、浅层语义匹配的各种指标，它们可用于执行 NLP 系统的评估。我们还讨论了使用黄金数据来执行的解析器评估，可以使用三个指标来执行评估，即精确率、召回率和 F 值。此外，你还学习了 IR 系统的评估。

欢迎来到异步社区！

异步社区的来历

异步社区（www.epubit.com.cn）是人民邮电出版社旗下 IT 专业图书旗舰社区，于 2015 年 8 月上线运营。

异步社区依托于人民邮电出版社 20 余年的 IT 专业优质出版资源和编辑策划团队，打造传统出版与电子出版和自出版结合、纸质书与电子书结合、传统印刷与 POD 按需印刷结合的出版平台，提供最新技术资讯，为作者和读者打造交流互动的平台。

社区里都有什么？

购买图书

我们出版的图书涵盖主流 IT 技术，在编程语言、Web 技术、数据科学等领域有众多经典畅销图书。社区现已上线图书 1000 余种，电子书 400 多种，部分新书实现纸书、电子书同步出版。我们还会定期发布新书书讯。

下载资源

社区内提供随书附赠的资源，如书中的案例或程序源代码。

另外，社区还提供了大量的免费电子书，只要注册成为社区用户就可以免费下载。

与作译者互动

很多图书的作译者已经入驻社区，您可以关注他们，咨询技术问题；可以阅读不断更新的技术文章，听作译者和编辑畅聊好书背后有趣的故事；还可以参与社区的作者访谈栏目，向您关注的作者提出采访题目。

灵活优惠的购书

您可以方便地下单购买纸质图书或电子图书，纸质图书直接从人民邮电出版社书库发货，电子书提供多种阅读格式。

对于重磅新书，社区提供预售和新书首发服务，用户可以第一时间买到心仪的新书。

用户账户中的积分可以用于购书优惠。100 积分 =1 元，购买图书时，在 0 使用积分 里填入可使用的积分数值，即可扣减相应金额。